千思影像 编著

爆款短视频拍摄

118个分镜脚本与摄影技巧

U0367228

化学工业出版社

·北京·

内 容 简 介

拍摄爆款短视频，是有技巧的，比如分镜的第一步是定脚本，第二步是找亮点，第三步是学构图，第四步是布光线，第五步是拍类型，然后掌握分镜的逻辑感，把握叙事节奏，做好分镜的流畅感，接好多个镜头，通过运动镜头打造高级感。

全书通过118个实用技巧讲解+118集教学视频演示+390多张图片素材+40多个素材效果，从分镜脚本设计到摄影技巧，帮助小白快速成为爆款短视频拍摄高手！

本书具体内容包括：14个分镜脚本制作技巧、12个分镜思路和视频亮点打造技巧、16个拍摄角度和构图技巧、6个布光线和色彩技巧、11个景别和分类镜头拍摄技巧、9个镜头语言和分镜头设计技巧、9个分镜头组接原则和技巧、13个运动镜头拍摄技巧，以及抖音短剧视频《招聘反转》、情绪类短视频《湖与海》、电商短视频《图书宣传》的实战拍摄全流程。

本书适用于所有对短视频拍摄分镜头感兴趣的读者，特别是短视频爱好者、分镜脚本设计师、导演、摄影师、制片人、艺术总监及相关专业的学生，同时还适合在影视公司、广告公司或新媒体制作公司工作的从业人员阅读。

图书在版编目(CIP)数据

爆款短视频拍摄 ： 118个分镜脚本与摄影技巧 ／ 千思影像编著. -- 北京 ： 化学工业出版社，2025. 2.
ISBN 978-7-122-46998-4

Ⅰ. TB8；TN948.4

中国国家版本馆CIP数据核字第2025GJ1279号

责任编辑：王婷婷 李 辰　　　　　　　　封面设计：异一设计
责任校对：杜杏然　　　　　　　　　　　　装帧设计：盟诺文化

出版发行：化学工业出版社（北京市东城区青年湖南街13号　邮政编码100011）
印　　装：天津市银博印刷集团有限公司
710mm×1000mm　1/16　印张13　字数253千字　2025年4月北京第1版第1次印刷

购书咨询：010-64518888　　　　　　　　售后服务：010-64518899
网　　址：http://www.cip.com.cn
凡购买本书，如有缺损质量问题，本社销售中心负责调换。

定　价：78.00元　　　　　　　　　　　　　　版权所有　违者必究

前　言

◎ 系列图书

短视频的火爆，已经持续了好几年，几乎人人都能拍摄短视频，但是对大多数人来说，距离专业化水平还是有一定的差距的。根据国家对文化建设的要求，必须推出文化自信、自强，创作出人们喜闻乐见的短视频作品。

短视频的内容是不断变化的，那么，如何掌握爆款短视频的拍摄、制作方法和流程，作者一共为大家编写了3本书：《爆款短视频拍摄：118个分镜脚本与摄影技巧》《爆款短视频制作：118个剪辑思维与公式技巧（剪映版）》《爆款短剧与微电影创作：118个剧本写作与创意技巧》。

本系列图书详细介绍如下。

拍摄短视频，从普通的手持手机拍摄，到如今的手持稳定器和使用无人机拍摄，拍摄设备进行了更新，但是如何把视频拍出电影感，如何提升视频拍摄水平，以及掌握分镜脚本的创作和拍摄，这是一条细化之路，也是视频的升级之路，能让你的短视频拍摄更加专业化。

《爆款短视频拍摄：118个分镜脚本与摄影技巧》从分镜脚本与摄影技巧等方面，帮助创作者学会拍摄爆款短视频！

掌握短视频的拍摄和脚本写作技巧，还不能算一个全面的爆款短视频创作者。虽然视频剪辑很简单，但是如何让视频的主题呈现、逻辑排序更有节奏感，视频更加商业化和专业化呢？分镜头组接、音效、调色、字幕、特效等包装，都必不可少。

《爆款短视频制作：118个剪辑思维与公式技巧（剪映版）》从剪辑的思维、节奏的把握、风格的搭建、镜头的组接、音效的设计等多个层面和高维度，可以帮助创作者轻松学会剪辑思维和公式技巧，掌握爆款短视频制作技巧。

在快节奏时代，短剧和微电影，以爽点多、反转大、节奏快的特点，让观众节约了观影时间，越来越多的用户不再观看注水电视剧了，而是开始喜欢在短视频平台追短剧。风格类型越来越多样的短剧，深受大家的喜爱。

那么，如何打造爆款短剧呢？《爆款短剧与微电影创作：118个剧本写作与创意技巧》从剧本写作、创意技巧方面，帮助大家掌握挖掘创意、构建故事，掌握拍摄制作及推广营销等方面的技巧，成为一名优秀的短剧与微电影创作者。

◎ 本书内容与特色

本书是系列图书中的《爆款短视频拍摄：118个分镜脚本与摄影技巧》，分为以下11章。

第1章　分镜第一步，定脚本
第2章　分镜第二步，找亮点
第3章　分镜第三步，学构图
第4章　分镜第四步，布光线
第5章　分镜第五步，拍类型
第6章　分镜的逻辑感，把控叙事节奏
第7章　分镜的流畅感，组接多个镜头
第8章　分镜的高级感，拍摄运动镜头
第9章　抖音短剧视频实战拍摄：《招聘反转》
第10章　情绪类短视频实战拍摄：《湖与海》
第11章　电商短视频实战拍摄：《图书宣传》

一、技巧全面，实操案例

本书从短视频分镜脚本和摄影技巧展开，精准教学分镜头的脚本设计、视频摄影技巧，帮助用户学会定脚本、找亮点、学构图、布光线和拍类型，流程更加细化；还讲解了让分镜具有逻辑感、流畅感、高级感的技巧，让读者进行深层次学习；更有抖音短剧视频、情绪类短视频和电商短视频实战拍摄案例，让读者可以学以致用，理论、实战全掌握。

二、分镜实拍，教学视频

本书中的所有案例视频，都是分镜头实拍，并配套了效果和视频文件，让读者可以模仿学习和拍摄。理论部分也有教学视频，总共118集，扫码即可观看，读者可以边看边学，学得更轻松。

三、赠送素材、效果、提示词

本书超值赠送40多个素材效果、3组提示词，海量资源辅助读者学习。素材获取请查看标题旁的二维码，或者前言中的资源获取说明，或者加封底提示的QQ群。想深入学习构图的用户，也可以关注公众号"手机摄影构图大全"。

◎ 版本说明

在编写本书时，是基于当前软件版本截的实际操作图片（文心一言App版本1.13.0.10、剪映App版本13.0.0、Storyboarder版本3.0.0），但书从编辑到出版需要一段时间。在这段时间里，软件界面与功能会有调整与变化，比如有的内容删除了，有的内容增加了，这是软件开发商做的更新，很正常。请在阅读时，根据书中的思路，举一反三，进行学习即可，不必拘泥于细微的变化。

还需要注意的是，即使是相同的提示词，剪映和文心一言每次生成的图片和回复也会存在差别，因此在扫码观看教程时，读者应把更多的精力放在提示词的编写和实际操作的步骤上。

◎ 资源获取

如果读者需要获取书中案例的素材、效果、视频和提示词，请使用微信"扫一扫"功能按需扫描书中对应的二维码即可。

◎ 编写人员与售后服务

本书由千思影像编著，参与编写的人员还有邓陆英等人，提供素材和帮助的人员还有向小红、向秋萍、苏苏、巧慧、燕羽、黄建波等人，在此表示感谢。

由于编写人员知识水平有限，书中难免有疏漏之处，恳请广大读者批评、指正，联系微信：2633228153。

目　录

第1章　分镜第一步，定脚本

　　对于分镜头拍摄，脚本的作用与电影中的剧本类似，不仅可以用来确定故事的发展方向，而且还可以提高镜头拍摄的效率和质量，同时还可以指导短视频的后期剪辑。本章主要介绍选择视频主题、设计分镜头脚本和绘制故事板的相应内容。

1.1　3个方法，选择打动观众的视频主题

在选择视频主题的时候，会涉及选题维度、参考思路和内容题材等，好的视频主题可以成就好的视频剧本和好的视频效果，创作者最好选择一个可以打动观众的短视频主题。本节将帮助大家明确短视频主题的方法。

001　短视频选题的维度

扫码看教学视频

短视频创作者在正式进入选题阶段时，还需要考虑选题的影响因素，即选题的不同维度，选择适合自己且自己感兴趣的选题，才能保持短视频创作的持续性。下面简要介绍短视频选题的4个维度，为创作者提供参考。

1. 高频关注点

短视频创作者在拟选一个话题时，需要从效益性出发，考虑这个话题是不是短视频观众的高频关注点，这关系到短视频发布后的粉丝数、点赞量和转发量等利益转化数据。因此，短视频创作者在选题时，应尽量靠近观众的高频关注点。

而判断一个话题是否为观众的高频关注点，创作者可以通过分析同类视频账号、搜索同类内容的视频排名、进行问卷调查和结合自己的生活经验等方式来进行。那么，如何判断选题是否为高频关注点？详细方法如图1-1所示。

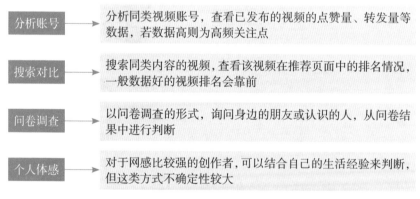

分析账号	→	分析同类视频账号，查看已发布的视频的点赞量、转发量等数据，若数据高则为高频关注点
搜索对比	→	搜索同类内容的视频，查看该视频在推荐页面中的排名情况，一般数据好的视频排名会靠前
问卷调查	→	以问卷调查的形式，询问身边的朋友或认识的人，从问卷结果中进行判断
个人体感	→	对于网感比较强的创作者，可以结合自己的生活经验来判断，但这类方式不确定性较大

图1-1　判断选题是否为高频关注点的方法

网感是指创作者对短视频平台的敏感程度，具体指能够感知到哪类视频内容一定会受到观众的喜欢，哪类视频内容不太可能获得关注度。

网感的建立，要求创作者有丰富的互联网"冲浪"经验、极强的洞察力和敏锐的判断力，新手创作者是需要日积月累的。

2. 选题难易程度

短视频创作者在选题时，需要考虑拟选话题的可行性。一般而言，高质量的视频选题必定是具有一定难度的，它需要花费大量的时间、精力和金钱来制作，但是制作完成的效果也是与投入成正比的。

从短视频的价值来看，高难度的选题意味着高价值，而高价值的视频内容观众是极为认可的。因为短视频观众大多也是具有鉴赏力的，他们通过观看视频，或多或少能够察觉出这个视频的制作程度、意义何在及投入多少。

比如，创作者还原三星堆面具，创作出高质量的视频，相关视频示例如图1-2所示。不过，这种纯手工制作的难度很大，因此创作者可以适当降低更新频率，把每一条视频内容做好，这样更容易受到粉丝的青睐。

图 1-2　视频实例画面

3. 建立差异化

差异化是指区别于同类事物的特征，如人的名字，是用于区分不同的人的符号。或许名字还不够具有差异化，因为纵观全球，总有取相同名字的人。那么，人的指纹呢？相比较而言，人的指纹是个人独有的一个重要特征，虽然肉眼难以识别，但不可否认指纹是具有差异化的一个事物。

短视频也如此，在短视频平台的"深海"中，相同的视频内容输出、相同的视频账号不可避免，而为了保证个人的独创性，短视频创作者需要建立差异化。因此，在确定视频主题的时候，最好可以独创风格，来获得与同类账号的竞争优势，以提高账号的识别度，有助于增强粉丝的黏性。

4.不同的叙述视角

选择以何种视角来进行叙事，也是短视频创作者在确定主题时需要考虑的问题，不同的视角会影响观众的观看体验，从而影响短视频的呈现效果。在短视频的创作中，常用的视角有以下几个，且不同的视角发挥着不同的作用。

（1）第一视角：指站在粉丝的视角来制作视频。创作者以这一视角制作视频时，通常会在视频中以"我们"自称，代表创作者与观众是一体的，给观众的感受较为亲切，容易感染观众的情绪。第一视角比较适合分享好物类的选题，站在观众的角度来分享，更具说服力。

（2）第二视角：指短视频创作者类似于运动场或竞技场上裁判的角色，从这一视角出发创作内容，基本处于中立的状态，适合制作比较客观、少有主观性思想的视频选题，如产品测评，如图1-3所示，就是以旁观者的身份，测评不同品牌防晒霜的防晒能力。

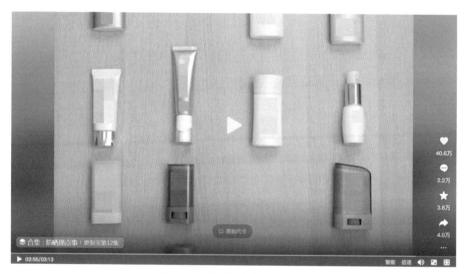

图1-3　产品测评视频实例画面

（3）第三视角：这一视角类似于观众，属于视频内容之外的"局外人"。第三视角比较适合剧情解说类视频选题，可以营造出与观众一同观影的效果。

002　选题的参考思路

短视频创作者在掌握了短视频选题维度等理论常识之后，将正式进入选题的实践，可以从对标竞品、观众的反馈、不同类型的热点等方面出发来选取短视频制作的话题。下面介绍一些短视频选题思路。

扫码看教学视频

1. 对标竞品

对标竞品，主要是指分析同类账号的数据来确定自己的选题。一般而言，创作者在决定进入短视频行业之前，多少会有大致的、想要制作的视频内容方向，如创作者会演戏，那么就会想要制作剧情类的视频。

对于这类创作者，可以对标竞品，分析短视频中比较火爆、各方面数据比较好的头部账号，查找出其视频火爆的原因，进而确定自己的选题方向。

或许，还存在一些创作者可能对确定选题没有一丁点方向，不知道该如何下手。那么，对于这类创作者，可以分析各行各业或是具有极大影响力的视频账号，查看其各方面的数据，从中寻找比较受粉丝欢迎的主题作为自己的选题。

需要注意的是，对标竞品这类选题方式只是借鉴选题，从短视频的长远发展来看，创作者应尽量保持独创性或输出具有自己特色的内容。

2. 观众的反馈

观众的反馈是选题获得观众想法，满足观众需求的有效来源。对于短视频创作，观众的反馈可以从视频的评论中得知，如图1-4所示。

图 1-4　视频中的评论

在制作视频初期，创作者可以从其他视频创作者的账号下寻找观众的反馈，若创作者在自己喜欢的、优秀的视频下找到了可以作为选题的观众的反馈，那么在无其他因素干扰的情况下，这个选题成功的概率会很大。

3. 不同类型的热点

不同类型的热点实际上是借助当下流行的元素来充当选题的，包括时事热点、节日热点和平台热点3种类型。

5

比如在春节结束之后，工作党都开始上班了，这时候的热点就是节后上班的状态，创作者即可根据热点创作视频，如图1-5所示，从而引起上班族的共鸣，这样可以让视频获得更多的流量。

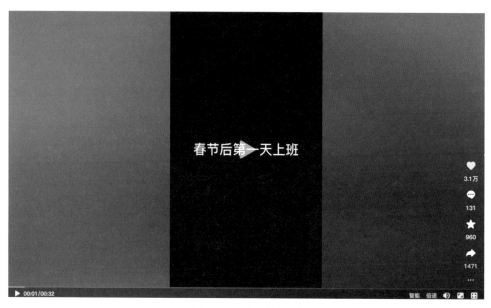

图 1-5　根据热点创作视频

003　确定短视频拍摄主题

扫码看教学视频

在了解了选题策划规则之后，如何确定短视频的拍摄主题呢？大体上有两种方式，一是针对网络上的热门现象做专题策划；二是针对原生内容做专题策划。如何确定短视频拍摄主题？具体有4种参考方向，如图1-6所示。

| 当前热点 | ➔ | 从当前热点事件、节日等方面入手，比如奥运会、情人节等，可以从中寻找拍摄主题 |

| 社会话题 | ➔ | 从社会话题入手，比如环境保护、健康养生、职场生涯等，可以从中寻找拍摄主题 |

| 兴趣爱好 | ➔ | 比如旅游、美食、音乐等，从这些兴趣爱好中寻找拍摄主题 |

| 创新创意 | ➔ | 从创意和创新的角度入手，比如创造性地解决问题、新奇的想法等，从中寻找拍摄主题 |

图 1-6　确定短视频拍摄主题的 4 种参考方向

1.2　6个知识点，掌握分镜头脚本

在很多人眼中，短视频似乎比电影还好看，很多短视频不仅画面和背景音乐（Background Music，BGM）劲爆，而且剧情不拖泥带水，让人"流连忘返"。

这些精彩的短视频背后，都是靠分镜头脚本来承载的。脚本是整个短视频内容的大纲，对剧情的发展与走向有决定性的作用。

因此，用户需要写好分镜头脚本，让短视频的内容更加优质，这样才有更多机会上热门。本节将为大家介绍6个知识点，帮助大家掌握分镜头脚本相关知识。

004　分镜头脚本是什么

扫码看教学视频

分镜头脚本是用户拍摄短视频的主要依据，能够提前统筹安排好短视频拍摄过程中的所有事项，如什么时候拍、用什么设备拍、拍什么背景、拍谁及怎么拍等。表1-1所示为一个简单的短视频分镜头脚本模板。

表 1-1　一个简单的短视频分镜头脚本模板

镜号	景别	运镜	画面	设备	备注
1	远景	固定镜头	在天桥上俯拍城市中的车流	手机广角镜头	延时摄影
2	全景	跟随运镜	拍摄主角从天桥上走过的画面	手持稳定器	慢镜头
3	近景	上升运镜	从人物手部拍到头部	手持拍摄	
4	特写	固定镜头	人物脸上露出开心的表情	三脚架	
5	中景	跟随运镜	拍摄人物走下天桥楼梯的画面	手持稳定器	
6	全景	固定镜头	拍摄人物与朋友见面问候的场景	三脚架	
7	近景	固定镜头	拍摄两人手牵手的温馨画面	三脚架	后期背景虚化
8	中景	跟随运镜	拍摄两人手牵手前行的画面	手持稳定器	从背面跟随
9	远景	固定镜头	拍摄两人走向街道远处的画面	三脚架	欢快的背景音乐

在创作短视频的过程中，所有参与前期拍摄和后期剪辑的人员都需要遵从分镜头脚本的安排，包括摄影师、演员、道具师、化妆师和剪辑师等。

如果短视频没有分镜头脚本，就很容易出现各种问题，如拍到一半发现场景不合适，或者道具没有准备好，又或者演员少了、镜头拍漏了，这时候就需要花费大量时间和资金去重新安排和做准备。这样的话，不仅会浪费时间和金钱，而

且在视频后期制作中也很难做出想要的短视频效果。

因此，创作者在设计分镜头脚本的时候，还要做好拍摄规划。

005 脚本类型有什么

只有精心设计脚本和画面，让内容更加优质，才能获得更多上热门的机会。短视频脚本一般分为分镜头脚本、拍摄提纲和文学脚本3种，如图1-7所示。

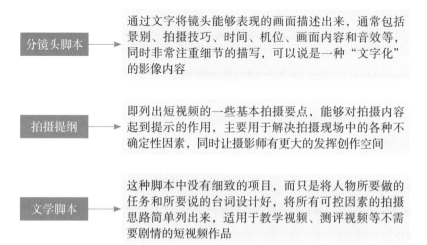

分镜头脚本 ➡ 通过文字将镜头能够表现的画面描述出来，通常包括景别、拍摄技巧、时间、机位、画面内容和音效等，同时非常注重细节的描写，可以说是一种"文字化"的影像内容

拍摄提纲 ➡ 即列出短视频的一些基本拍摄要点，能够对拍摄内容起到提示的作用，主要用于解决拍摄现场中的各种不确定性因素，同时让摄影师有更大的发挥创作空间

文学脚本 ➡ 这种脚本中没有细致的项目，而只是将人物所要做的任务和所要说的台词设计好，将所有可控因素的拍摄思路简单列出来，适用于教学视频、测评视频等不需要剧情的短视频作品

图 1-7 短视频的脚本类型

总结一下，分镜头脚本适用于剧情类的短视频，拍摄提纲适用于访谈类或资讯类的短视频，文学脚本则适用于没有剧情的短视频。

006 脚本的前期准备工作

当用户正式开始创作短视频脚本前，需要做好一些前期准备，将短视频的整体拍摄思路确定好，同时制定一个基本的创作流程。图1-8所示为编写短视频脚本的前期准备工作。

内容定位 ➡ 确定好内容的表现形式，具体做哪方面的内容，如情景故事、产品带货、美食探店、服装穿搭、才艺表演或者人物访谈等，将基本内容确定下来

主题策划 ➡ 有了内容创作方向后，还要根据这个方向来确定一个拍摄主题，如美食探店类的视频，拍摄的是"烤全羊"，这就是具体的拍摄主题

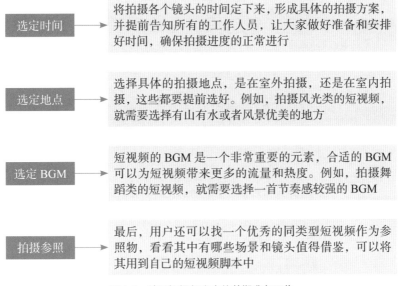

图 1-8　编写短视频脚本的前期准备工作

007　脚本有什么用

没有草图，就很难建造出一栋大房子，脚本同理。脚本主要用于指导所有参与短视频创作的工作人员的行为和动作，从而提高工作效率，并保证短视频的质量。图1-9所示为短视频脚本的作用。

扫码看教学视频

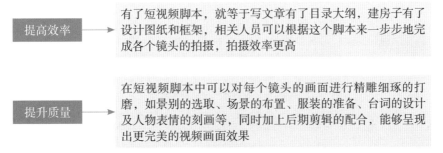

图 1-9　短视频脚本的作用

008　分镜头脚本的基本要素

在短视频脚本中，用户需要认真设计每一个镜头，这样才能让视频画面传达出视频的主题，展现创作者想要表达的内容。下面主要从分镜头脚本的6个基本要素来介绍短视频脚本的策划，如图1-10所示。

扫码看教学视频

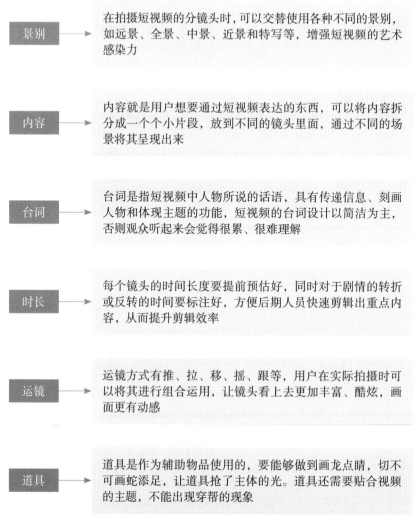

图 1-10 分镜头脚本的基本要素

在设计分镜头的时候，这 6 个基本要素并不是所有都能用到，但是内容和景别一般是必备的要素。比如，在拍摄固定镜头的时候，运镜方式可能就用得少；在一些拍摄自然风光的镜头中，道具用得也不多。

009 分镜头脚本怎么写

在编写短视频脚本时，用户需要遵循化繁为简的形式规则，同时需要确保内容的丰富度和完整性。图 1-11 所示为短视频分镜头脚本的基本编写流程。

扫码看教学视频

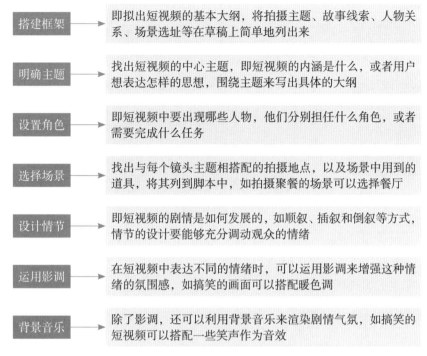

搭建框架　即拟出短视频的基本大纲，将拍摄主题、故事线索、人物关系、场景选址等在草稿上简单地列出来

明确主题　找出短视频的中心主题，即短视频的内涵是什么，或者用户想表达怎样的思想，围绕主题来写出具体的大纲

设置角色　即短视频中要出现哪些人物，他们分别担任什么角色，或者需要完成什么任务

选择场景　找出与每个镜头主题相搭配的拍摄地点，以及场景中用到的道具，将其列到脚本中，如拍摄聚餐的场景可以选择餐厅

设计情节　即短视频的剧情是如何发展的，如顺叙、插叙和倒叙等方式，情节的设计要能够充分调动观众的情绪

运用影调　在短视频中表达不同的情绪时，可以运用影调来增强这种情绪的氛围感，如搞笑的画面可以搭配暖色调

背景音乐　除了影调，还可以利用背景音乐来渲染剧情气氛，如搞笑的短视频可以搭配一些笑声作为音效

图 1-11　分镜头脚本的基本编写流程

1.3　5 个技巧，学会绘制故事板

故事板最早起源于动画行业，后来在电影里，导演和编剧们通过手绘一些场景图，来模拟电影镜头，也可以说故事板就是可视化的剧本。故事板可以展示短视频中各个镜头之间的关系，展示剧情，让故事更加生动。本节将为大家介绍一些关于故事板的知识，帮助大家学会绘制故事板。

010　故事板的类型

扫码看教学视频

绘制故事板比直接设计文字版分镜头脚本要费时一些，在影视行业中，绘制故事板的成本也比较大，所以故事板通常用于一些群演较多的大场面、虚拟的场景、科幻片和动作片，有了画面，就能精准把握拍摄成本和进行改进。

对于故事板，主要的类型有传统故事板、缩略图故事板和数字故事板，如图1-12所示。

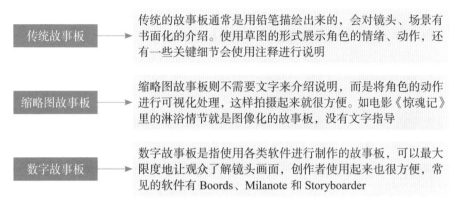

图 1-12　故事板类型

除了在影视行业、动画行业使用故事板，在建筑项目、游戏、剧院演出、图像处理、商业广告、漫画出版等行业中，也可以使用故事板展示图像和注释，让画面、概念更加直观和易懂。

011　故事板的基本要素

在绘制故事板之前，需要先有文字版脚本，这样才能对文字进行可视化处理。不过，无论是故事板，还是分镜头脚本，它们都可以呈现短视频效果、节省时间和提升拍摄效率。故事板的基本要素主要包括以下4个方面，如图1-13所示。

扫码看教学视频

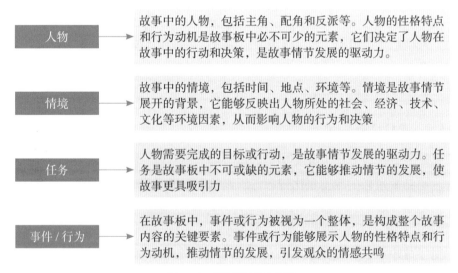

图 1-13　故事板的基本要素

在创作故事板时，需要明确以上4个基本要素，并合理地设定和安排它们之间的关系。同时，还需要注意故事的节奏和悬念的设置，这样才能吸引观众的注意力，引起情感共鸣。

012　故事板的绘制思路

扫码看教学视频

故事板不是"成品"艺术，而是"组成"艺术。故事板展示了各个镜头之间的组成关系，以及它们是如何串联起来的。例如，人物角色是如何移动的、每个场景的排布，以及故事情节发生的顺序。故事板能够给短视频观众一个完整的观看体验，下面将为大家介绍故事板的绘制思路。

1. 讲述故事

讲述故事是绘制故事板的目的，在绘制故事板前，创作者会有分镜头脚本或者故事大纲——如何安排情节和人物，让故事完整发生。因此，创作者需要考虑每个镜头安排什么样的情节、角色的心理变化和状态、观众的感受、如何让画面与观众产生共鸣，这些准备工作都需要提前做好功课。

2. 建立动态线

在设计角色的时候，需要建立动态线，动态线可以展示人物的状态。比如，一个不开心的人，他会低头，此时动态线就是向下的；而一个有精气神的人，会抬头挺胸，神气十足，那么动态线就会向上，如图1-14所示。

图1-14　动态线向上

动态线可以让角色的姿势变得清晰，也能突出运动方向。创作者可以尽量使用角色的动作和姿势来传递情绪和表现行为，用身体语言来讲故事。

3. 优化分镜

如果一段视频中的镜头和场面切换得很快且乱，那么观众就很难捕捉重点信息。所以，为了让情节更有条理，创作者可以尽量在一个镜头画面中表达一个想法，且不能违背叙事逻辑。

这样，在绘制分镜头的时候，尽量对关键点进行绘制，比如，人物抬头看风筝的情节，可以直接用三个镜头展示，人物抬头的近景镜头、风筝的特写镜头和人物与风筝处于一个画面的全景镜头，如图1-15所示。

图 1-15　3 个分镜头画面

4. 利用画框

画框是指讲述故事时使用的视角框，视角框在运动镜头中会产生变化，不同的人、事、物在视角框中可以出现或者消失。

比如16：9的视角框，是大多数国家/地区的标准宽高比，也是1080P的标准配置，如图1-16所示。

图 1-16　16：9 的视角框

5.确保镜头连贯

确保镜头连贯的作用在于可以保证故事的流畅度，在故事板中，连贯的屏幕运动方向，可以让故事发生得有条理。

但是对于现场拍摄，镜头连贯还需要角色与场景空间的关系保持清晰。比如，在180°原则里，摄影机的运动方向就确定好区域了，不能轻易越轴。

对于故事板，我们需要用二维画面将三维空间中的情节诠释清楚，对于角色和摄影机的运动方向、摄像机的角度和高度，是需要按照规则调整的，从而保持镜头的连贯。

★ 专 家 提 醒 ★

180°原则是电影制作的一个基本指导原则，什么是180°原则？比如，在两个角色之间的对话场景中，想象有一条直线连接两个角色，并延伸到无限远处。如果摄像机在这条线的一侧，即使其中一个角色不在画面里，这两个角色的空间关系依旧保持一致。如果剪辑时切换到角色的另一侧，颠倒两个角色的左右顺序，就可能使观众迷失方向。

013 使用AI编写故事板

当时间紧迫时，可以使用AI编写故事板，前提是创作者已经定好了视频主题。让AI快速生成分镜头脚本和图片，再把文字和图片进行结合，编写故事板，效果如图1-17所示。不过需要注意的是，AI每次生成的文字和图片都会有差异。

1.黑猫在树下凝视，尾巴轻轻摆动

2.黑猫后腿发力，跃起跳上树干

3.黑猫四足并用，灵巧地攀爬

4.黑猫优雅地坐在树枝上，眺望远方

图 1-17 故事板效果展示

1. 使用文心一言App生成分镜头脚本

文心一言是百度全新一代知识增强大语言模型，能够与人对话互动、回答问题、协助创作，高效便捷地帮助人们获取信息、知识和灵感。下面介绍使用文心一言App生成分镜头脚本的操作方法。

步骤 01 在手机中打开应用商店App，❶在搜索栏中输入并搜索"文心一言"；❷在搜索结果中点击文心一言右侧的"安装"按钮，如图1-18所示。

步骤 02 下载安装成功之后，在界面中点击"打开"按钮，如图1-19所示。

步骤 03 打开文心一言App，在弹出的面板中点击"同意"按钮，如图1-20所示。

图 1-18　点击"安装"按钮　　图 1-19　点击"打开"按钮　　图 1-20　点击"同意"按钮

步骤 04 进入相应的界面，点击已有的百度账号，如图1-21所示，快速登录。

步骤 05 在弹出的面板中，点击"同意并继续"按钮，如图1-22所示。

步骤 06 进入"对话"界面，为了对AI进行提问，❶点击输入框并输入"我正在创作一个故事板，需要生成分镜头脚本。明白请回复'理解了'"；❷点击▶按钮，如图1-23所示。

步骤 07 文心一言即可生成相应的回答，❶继续输入"生成一个黑猫爬树的分镜头脚本，80字"；❷点击▶按钮，如图1-24所示。

步骤 08 如果对回复不满意，❶长按回复文字；❷在弹出的面板中点击"重新回答"按钮，如图1-25所示。

图 1-21　点击相应的百度账号

图 1-22　点击"同意并继续"按钮

图 1-23　点击相应的按钮（1）

步骤09 稍等片刻，生成新的回复，如图1-26所示。如果对回复满意，那么就可以提取文案，再去剪映App中生成AI图片；如果对回复不满意，就再次长按回复文字，在弹出的面板中点击"重新回答"按钮。

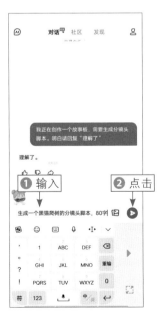
图 1-24　点击相应的按钮（2）

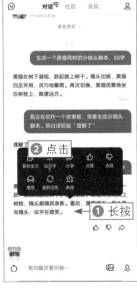
图 1-25　点击"重新回答"按钮

图 1-26　生成新的回复

2. 使用剪映App生成AI图片

剪映更新了AI作画功能，用户只需输入相应的提示词，系统就能根据描述内容，生成4幅图像效果。有了这个功能，我们可以省去画图的时间，在剪映中实现一键作图。下面介绍使用剪映App生成AI图片的操作方法。

步骤 01 在手机中打开应用商店App，❶在搜索栏中输入并搜索"剪映"；❷在搜索结果中点击剪映右侧的"安装"按钮，如图1-27所示。

步骤 02 下载安装成功之后，在界面中点击"打开"按钮，如图1-28所示。

步骤 03 打开剪映App，❶选中"已阅读并同意剪映用户协议和剪映隐私政策"复选框；❷点击"抖音登录"按钮，如图1-29所示，快速登录。

图1-27　点击"安装"按钮　　图1-28　点击"打开"按钮　　图1-29　点击"抖音登录"按钮

步骤 04 进入"剪辑"界面，点击"AI作图"按钮，如图1-30所示。

步骤 05 进入相应的界面，❶输入"黑猫在树下凝视，尾巴轻轻摆动"自定义提示词；❷点击 按钮，如图1-31所示。

步骤 06 弹出"参数调整"面板，❶选择"动漫"模型；❷选择16∶9比例样式；❸设置"精细度"参数为50，让图片质量更好；❹点击 按钮，如图1-32所示。

步骤 07 点击"立即生成"按钮，稍等片刻，剪映会生成4张图片，❶选择合适的图片；❷点击"超清图"按钮，如图1-33所示。

图 1-30　点击"AI 作图"按钮

图 1-31　点击相应的按钮（1）

图 1-32　点击相应的按钮（2）

步骤 08 选择效果图片，如图1-34所示，放大图片。

步骤 09 点击"导出"按钮，如图1-35所示，导出成功后，点击"完成"按钮。同理，剩下的图片同样输入相应的文案进行生成，如果对生成的图片不满意，可以点击"再次生成"按钮。

图 1-33　点击"超清图"按钮

图 1-34　选择效果图片

图 1-35　点击"导出"按钮

014 使用Storyboarder绘制故事板

扫码看教学视频

Storyboarder是一款功能丰富且强大的分镜头故事板制作软件，利用Storyboarder可以轻松地制作动画分镜，也是如今很多电影人都在使用的分镜工具。

Storyboarder除了最基本的画分镜功能，还能够绘制手绘分镜，输出动画视频，导出到Premiere、Final Cut等主流软件中，以及输出PDF、GIF等格式的文件。

当然，软件本身还有很多功能，例如支持Photoshop直接编辑、Wacom绘图板支援、图层功能等。

故事板的主要作用是将剧本、文字创作转换为可视化的镜头、场景。在绘制故事板的时候，Storyboarder这款软件还提供了三维空间，让分镜头的制作更贴合现实情况，实用性更强了。

最重要的是，目前这款软件可以免费使用，也不需要注册账号，只要在电脑中安装成功，即可上手使用。

本案例导出的是PDF格式的故事板效果，如图1-36所示。

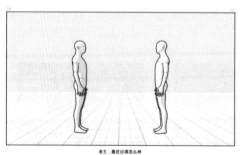
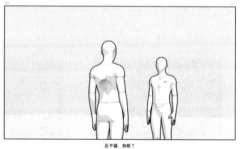
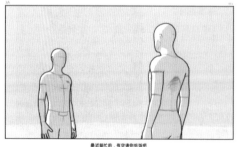
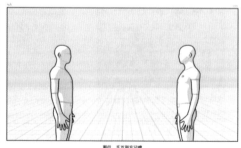

图 1-36　故事板效果展示

下面介绍使用Storyboarder绘制故事板的操作方法。

步骤01 在电脑中打开Storyboarder，在面板中单击"创建新的故事板"按钮，如图1-37所示。

步骤02 在弹出的面板中，单击"新绘板"按钮，如图1-38所示。

图 1-37　单击"创建新的故事板"按钮 　　　图 1-38　单击"新绘板"按钮

步骤03 在弹出的面板中选择HD16：9选项，如图1-39所示，设置分镜头画面的长宽比。

步骤04 弹出New Storyboard对话框，❶选择相应的保存文件夹；❷输入文件名称；❸单击Create（创建）按钮，如图1-40所示，建立一个故事板文件。

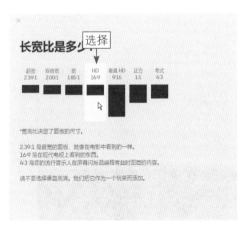 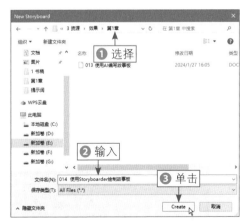

图 1-39　选择 HD16：9 选项 　　　　　图 1-40　单击 Create（创建）按钮

步骤05 打开相应的窗口，为了绘制3D故事板，单击Shot Generator下的白色面板，如图1-41所示。

图 1-41　单击 Shot Generator 下的白色面板

步骤06 打开新的窗口，在其中有三维空间，创作者可以添加摄像头机位、人物和道具等虚拟物体，默认有一个Camera 1机位。要添加人物，单击"添加字符"按钮 ，如图1-42所示。

图 1-42　单击"添加字符"按钮

步骤07 添加人物之后，❶在左上方通过长按鼠标左键调整人物点的位置，使其处于摄影机正面的左侧；❷在三维空间中长按鼠标左键，并通过拖曳的方式，调整人物头部的紫色圆环，让人物面朝右侧，如图1-43所示。

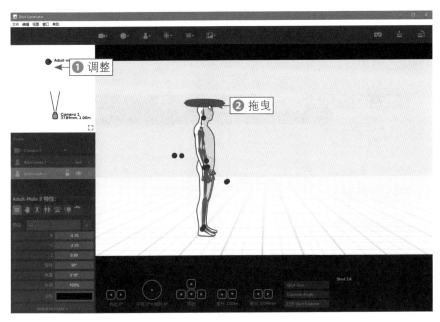

图 1-43　调整人物头部的紫色圆环，让人物面朝右侧

步骤08 ❶单击"添加字符"按钮 ，添加第2个人物；❷在左上方调整第2个人物点的位置，使其处于摄影机正面的右侧；❸在三维空间中调整人物头部的紫色圆环，让人物面朝左侧，从而让两个人物面对面，如图1-44所示。

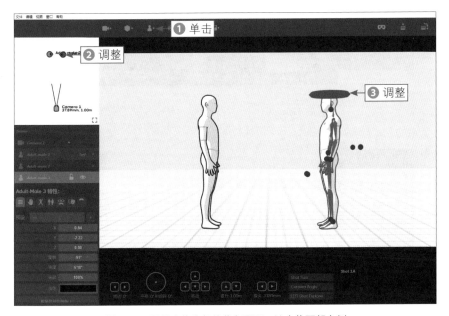

图 1-44　调整人物头部的紫色圆环，让人物面朝左侧

步骤09 ❶单击"添加相机"按钮 ■+ ，添加第2个机位；❷在左上方调整第2个摄像头的位置，使其处于画面左侧；❸在 ⬤ 上方长按鼠标左键并拖曳，调整第2个摄像头的朝向，改变画面内容，如图1-45所示。

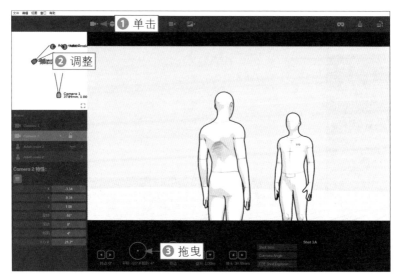

图1-45　长按鼠标左键并拖曳，调整第2个摄像头的朝向

步骤10 ❶单击"添加相机"按钮 ■+ ，添加第3个机位；❷在左上方调整第3个摄像头的位置，使其处于画面右侧；❸在 ⬤ 上方长按鼠标左键并拖曳，调整第3个摄像头的朝向，改变画面内容，如图1-46所示。

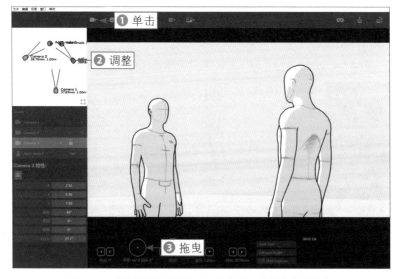

图1-46　长按鼠标左键并拖曳，调整第3个摄像头的朝向

步骤11 ❶选择第1个机位；❷单击"添加为新板"按钮，如图1-47所示，绘制第1个分镜头。

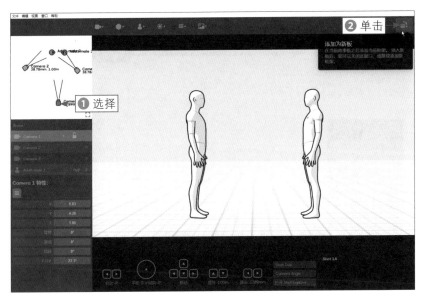

图 1-47　单击"添加为新板"按钮（1）

步骤12 ❶选择第2个机位；❷单击"添加为新板"按钮，如图1-48所示，绘制第2个分镜头。

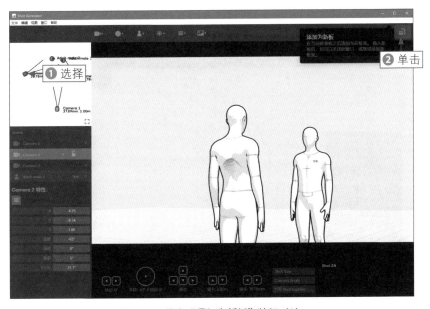

图 1-48　单击"添加为新板"按钮（2）

步骤13 ❶选择第3个机位；❷单击"添加为新板"按钮，如图1-49所示，绘制第3个分镜头。

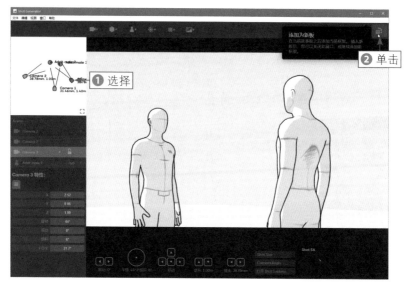

图 1-49　单击"添加为新板"按钮（3）

步骤14 ❶选择第1个机位；❷多次单击向上移动按钮▣，让摄像头稍微靠近两个人物；❸多次单击"镜头"右侧的▣按钮，增加广角；❹单击"添加为新板"按钮，如图1-50所示，绘制第4个分镜头。

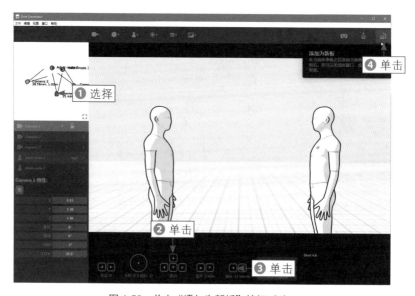

图 1-50　单击"添加为新板"按钮（4）

步骤15 在初始窗口中选择空白的分镜头，如图1-51所示，按【Ctrl+Backspace】组合键，删除不需要的画面。

图 1-51 选择空白的分镜头

步骤16 ❶选择第1个分镜头画面；❷单击"字幕"按钮，开启显示字幕功能；❸在"对话"下面的输入框中输入字幕，画面中下方会显示相应的字幕，如图1-52所示。

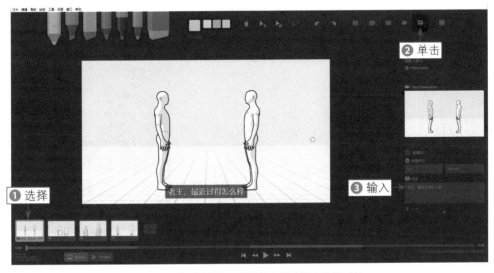

图 1-52 在"对话"下面的输入框中输入字幕（1）

27

步骤 17 ❶选择第2个分镜头画面；❷在"对话"下面的输入框中输入字幕，画面中下方会显示相应的字幕，如图1-53所示。

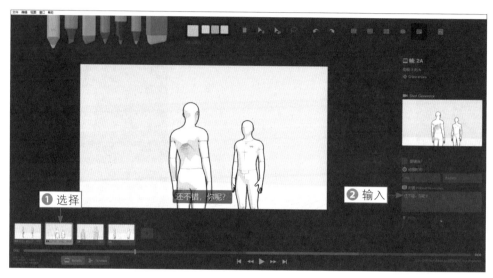

图 1-53　在"对话"下面的输入框中输入字幕（2）

步骤 18 ❶选择第3个分镜头画面；❷在"对话"下面的输入框中输入字幕，画面中下方会显示相应的字幕，如图1-54所示。

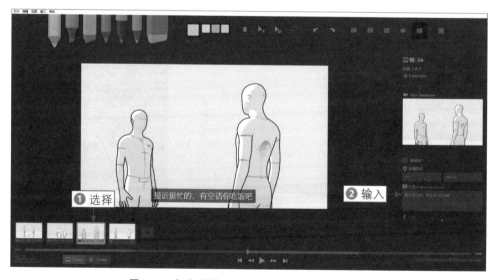

图 1-54　在"对话"下面的输入框中输入字幕（3）

步骤**19** ❶选择第4个分镜头画面；❷在"对话"下面的输入框中输入字幕，画面中下方会显示相应的字幕，如图1-55所示。

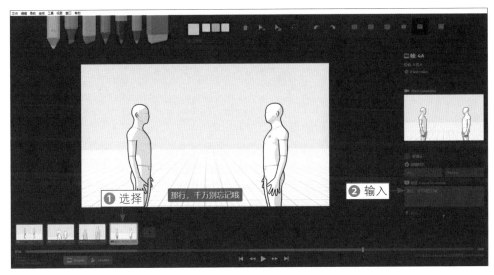

图 1-55　在"对话"下面的输入框中输入字幕（4）

步骤**20** 操作完成后，选择"文件"|"打印或导出为PDF"命令，如图1-56所示，导出故事板。

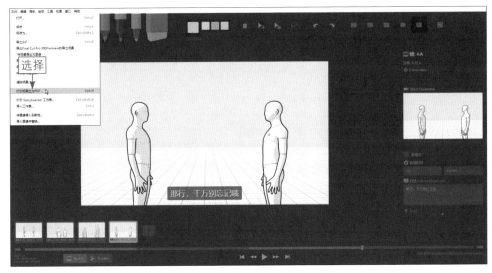

图 1-56　选择"打印或导出为PDF"命令

步骤21 弹出"打印"面板，❶设置"列""行"参数都为2，调整画面的排版；❷单击"导出PDF"按钮，如图1-57所示，导出PDF格式的文件。

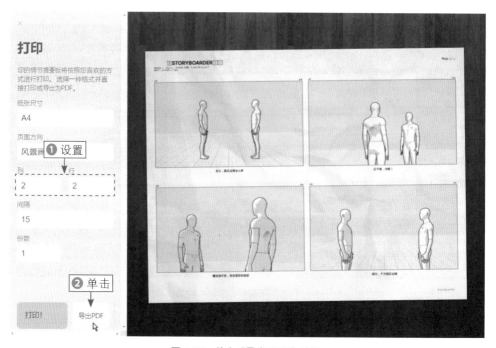

图 1-57　单击"导出 PDF"按钮

第 2 章　分镜第二步，找亮点

大家都能拍短视频，但是如何让视频有亮点，获得更多人的观看和点赞呢？首先我们需要对分镜头脚本进行打磨，前期就润色好细节，设置好创意点，突出视频的亮点。其次，在发表视频的时候，还需要进行二次加工，从而增加短视频的亮点，获得更多的流量。

2.1 6 个思路，优化分镜头脚本

脚本是短视频立足的根基，它不同于微电影或者电视剧的剧本，尤其是用手机拍摄的短视频，用户不用写太多复杂多变的镜头景别，而应该多安排一些反转、反差或者充满悬疑的情节，来勾起观众的兴趣。

同时，短视频的节奏很快，信息点很密集，因此每个镜头的内容都要在脚本中交代清楚。本节主要介绍分镜头脚本的一些优化技巧，帮助大家做出更优质的脚本。

015 把握观众心理

要想拍出真正优质的短视频作品，用户需要站在观众的角度去思考脚本内容的策划。比如，观众喜欢看什么东西，当前哪些内容比较受观众的欢迎，如何拍摄才能让观众看着更有感觉等。

显而易见，在短视频领域，内容比技术更加重要，即便是简陋的拍摄场景和服装道具，只要内容足够吸引观众，那么短视频就能火。

技术是可以慢慢练习的，但内容却需要用户有一定的创作灵感，就像是音乐创作，好的歌手不一定是好的音乐人。例如，抖音上充斥着各种"五毛特效"，但他们精心设计的内容，仍然获得了观众的喜爱，至少可以认为他们比较懂观众的"心"。

在脚本中可以增加一些观众感兴趣的内容，让观众更有代入感。比如，对于有着装修需求的短视频观众，实用类的文案就能把握观众的心理，视频热度也会非常大，如图2-1所示。

图 2-1 实用类文案的视频画面

016　制作黄金开头

同样是短视频，有些视频点赞有几万，而有些却只有个位数。其实，只要脚本文案写得好，那么就能赢在起跑线上。在制作视频开头时还需要把握一定的技巧，制作黄金开头，这样才能留住用户。

在视频开头的时候，可以使用建立共情的方式，让观众产生情感共鸣，也可以使用疑问句，通过观众的好奇心来引发思考和好奇。还可以反认知，用争议点来创造话题。最好还能聚焦到某个场景，让观众有代入感。除此之外，还可以做反转，刻意制造冲突和反差引起观众的兴趣。

总之，创作者要多思考一个问题：如何让观众愿意留下来继续观看视频，而不是刚点开就关掉呢？要解决这个问题，需要创作者从各方面进行努力，其中一种方法就是在片头抛出一个观众感兴趣的话题，从而吸引他一直看下去。

一个好的话题可以引起观众的兴趣和思考，让他对接下来的视频内容有所期待，也能增加他留下评论进行互动的可能性。这个话题可以是最近的热点新闻，也可以是大众喜欢或关注的事物，还可以是一个新奇、大胆的假设。注意，千万不要选择一些冷门、生僻或让人难以理解的话题，毕竟观众看视频主要是为了放松自己，复杂难懂的话题往往很难让人感兴趣。

另外，话题除了要能引起观众的兴趣，还要与视频内容有联系。如果观众被话题引起了兴趣，接下来的视频内容却与话题毫无关系，观众的兴趣就难以延续，甚至还会觉得被欺骗了。

例如，在视频开头提出话题，如"医生的暗示"，如图2-2所示，后续在情节安排上，创作者就可以列举相应的暗示内容，并解释清楚，这样观众就能带着好奇心观看视频，同时获得新知识，视频的播放量和互动量也会增加。

图 2-2　在视频开头提出话题

017 设计冲突和转折

扫码看教学视频

在策划短视频的分镜头脚本时，用户可以设计一些反差较强的情节，通过这种高低落差的安排，能够形成十分明显的对比效果，为短视频带来新意，同时也为观众带来更多笑点。

短视频中的冲突和转折能够让观众产生惊喜感，同时对剧情的印象更加深刻，刺激他们去点赞和转发。下面总结了一些在短视频中设计冲突和转折的相关技巧，如图2-3所示。

剧情有代入感	→ 剧情贴合观众的生活或工作场景，增加代入感
台词幽默搞笑	→ 采用旁白进行叙事，设计能引起观众爆笑的台词
剧情容易模仿	→ 结合正能量与反转剧情，带动观众进行模仿跟拍
人物形象反差	→ 剧中的人物形象与角色定位或话题形成强烈反差
视听体验反差	→ 使用与剧情形成强烈反差的背景音乐，增加噱头
加入地域对比	→ 采用不同地域的文化习俗或生活方式形成鲜明对比
加入角色对比	→ 设计角色的财富高低、人物年龄、人物形象等对比

图2-3 在短视频中设计冲突和转折的相关技巧

短视频的灵感来源，除了靠自身的创意想法，用户也可以多收集一些热梗，这些热梗通常自带流量和话题属性，能够吸引大量观众点赞。用户可以将短视频的点赞量、评论量、转发量作为筛选依据，找到并收藏抖音、快手等短视频平台上的热门视频，然后进行模仿、跟拍和创新，打造属于自己的优质短视频作品。

018 设置奇特情节

扫码看教学视频

一般的短视频剧情包括开端、发展、高潮和结局4个部分。

开端是指在短视频开头时，对人物、环境的交代，为之后剧情的发展做铺垫；发展是短视频中最主要的一个部分，在这个部分，向观众介绍了情节的矛盾冲突、事件的详细内容，能起到承上启下的作用；高潮是指短视频中最精彩的部分，矛盾冲突在前面已经不断在发酵，而在这部分就呈现出一个爆发的趋势，是短视频中决定人物发展的关键部分，是观众最关注的部分；结局是指短视频的结尾部分，在这个部分，人物、情节的发展告一段落。

情节如此重要，在短视频分镜头脚本的创作中，我们应该如何来设置奇特的情节呢？下面就来详细介绍相关技巧。

1. 情节真实、自然

这里的真实、自然，主要有两个方面的含义，具体内容如图2-4所示。

情节的产生和发展，要符合人物的性格特征 ➡ 比如，某个人的性格是内敛、沉稳的，那么他身上所发生的情节，都要符合这个性格特征，他面对情敌可以公平竞争，但是不会毫无理由地出手打人，因为这一情节就非常不符合他的性格特征，在创作短视频剧本时，创作者要尤为注意

人物在情节中的表现要符合人物性格发展逻辑 ➡ 大部分短视频中都不会直接介绍视频中人物的性格特征，只会通过情节的发展让观众自己领会。比如，某个短视频博主在自己的短视频中经常捉弄自己的弟弟，那么他就不会只捉弄他弟弟，如果其他人出镜他的短视频，我们也可以看到他捉弄其他人的场景，这是符合人物性格发展逻辑的

图 2-4　情节真实、自然的两个含义

情节是由人物的性格发展而来的，违反了人物性格的情节是没有根基的，会产生漏洞，受到观众的抨击。比如，有一部非常火的电视剧，出圈原因不在于演员的演技、特效的精美、故事的优质等，而是因为吐槽。那么，观众吐槽的原因是什么呢？主要就是人物性格割裂严重，女主明明嫉恶如仇，其他恶人出手迅速，但在知道男主是恶人的前提下，还对其心生怜悯，为其辩护，这并不是所谓的"双标"，只是人物性格割裂产生的后果。

这就是不符合人物性格的，这种情节不应该发生在她这个性格下，所以这部剧受到了非常多的质疑。

故事可以离奇，但是也要真实，不然作品就是悬浮的，观众也会快速关闭视频。一时的火热并不代表长期的火热，要想固粉，创作者在创作分镜头脚本的时候，一定要设置较为真实的情节，不要让"离谱""悬浮"这些字眼成为自己的标签。

★ 温 馨 提 示 ★

真实的人物性格产生的情节应该是真实、自然的，能让观众在观看短视频的时候更有代入感，进而引起情感的共鸣。

2. 发展节奏得当

奇特主要是指不寻常的、独一无二的，要在别人的短视频中看不到。因为短视频的时长有限制，所以掌握好发展节奏是极为重要的，并且又要兼顾"奇特"两字，就需要创作者在创作剧本的时候下苦功夫。那么，如何把握剧本的发展节奏呢？相关技巧如图2-5所示。

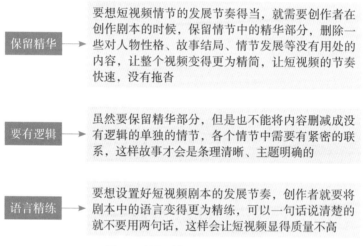

保留精华 → 要想短视频情节的发展节奏得当，就需要创作者在创作剧本的时候，保留情节中的精华部分，删除一些对人物性格、故事结局、情节发展等没有用处的内容，让整个视频变得更为精简，让短视频的节奏快速，没有拖沓

要有逻辑 → 虽然要保留精华部分，但是也不能将内容删减成没有逻辑的单独的情节，各个情节中需要有紧密的联系，这样故事才会是条理清晰、主题明确的

语言精练 → 要想设置好短视频剧本的发展节奏，创作者就要将剧本中的语言变得更为精练，可以一句话说清楚的就不要用两句话，这样会让短视频显得质量不高

图 2-5　设置剧本发展节奏的技巧

3. 让人意想不到

要想设计奇特的情节，就要让人意想不到情节发展。比如，某一个短视频剧本中的情节是女生被男生逗哭了，接下来女生会去打那个男生或者骂那个男生，这样的做法很符合逻辑，但如果接下来的情节是女生被退学了，那是不是出乎别人的意料？

观众在看到这个剧情的时候，就会迫切地想要知道接下来的剧情会如何发展、女生为什么会被退学等，从而牢牢抓住观众的心。

比如，在一段男女朋友交往的视频中，女方故意给男友处处下套，但是没想到的是，男友每次都能迎刃而解，这就营造了一种反差感，视频流量也非常大，如图2-6所示。

图 2-6　让人意想不到的短视频示例

019　模仿精彩的脚本

如果用户在策划短视频的分镜头脚本时，很难找到创意，也可以去翻拍和改编一些经典的影视作品。

用户在寻找翻拍素材时，可以去豆瓣电影平台上找到各类影片排行榜，如图2-7所示，将排名靠前的影片都列出来，然后去其中搜寻经典的片段，包括某个画面、道具、台词、人物造型等内容，将其用到自己的短视频中。

图 2-7　豆瓣电影排行榜

020 什么样的脚本有更多人点赞

对于短视频新手，账号定位和后期剪辑都不是难点，往往最让他们头疼的就是分镜头脚本策划。有时候，优质的脚本可以快速将一条短视频推上热门。那么，什么样的脚本才能让短视频上热门，并获得更多人的点赞呢？图2-8所示总结了一些优质短视频脚本的常用内容形式。

有价值	短视频中提供的信息有实用价值，如知识、技巧等
有观点	能够在第一秒就展现出能抓住人心的观点，用词不宜深奥，如生活感悟等
有共鸣	短视频内容一定要能够和观众产生共鸣，如价值共鸣、经历共鸣等，获得观众的认同
有冲突	如在短视频的开头抛出问题或设置悬念，利用"好奇心"引导观众看完整条视频；或者在中间设置反转剧情，点燃观众的兴趣点
有利益	如告诉观众看完这个视频，或者关注自己，他们能够获得哪些利益，用户可以解决观众的哪些痛点，给出利益点，给观众一个美好的期待
有收获	很多观众看短视频时抱着一种学习的目的，希望能够收获新的知识，因此短视频内容需要给观众营造一种"获得感"
有惊喜	用户要做出有自己特色的内容，如采用新颖的拍摄手法或故事内容，给观众带来惊喜感
有感官	用户可以采用"技术流"的拍法，通过热潮的音乐加上炫酷的特效，给观众带来听觉刺激和视觉刺激

图 2-8　优质短视频脚本的常用内容形式

2.2　6个方法，增加短视频的亮点

掌握了优化分镜头脚本的思路之后，创作者如果想要发布的短视频获得更多的流量，还需要根据平台属性，掌握一些增加短视频亮点的方法。本节以抖音平台为例，介绍相应的实用技巧，帮助创作者制作出爆款短视频。

021　紧跟热点创造视频内容

扫码看教学视频

　　除了社会热点，平台也会打造相应的热点，紧跟热点，不仅可以让创作者有内容可创作，还能让短视频获得更多的"自然热度"，因为搜索话题的人多了，视频的曝光率也会随之提高。下面为大家介绍相应的热点现象。

1. 时事热点

　　时事热点指由社会、民生、娱乐等方面引发的热门讨论话题。这类热点的特点是爆发性强、流量大，创作者可以从中提取核心的关键词进行选题创作，发布视频来获得高流量。

　　但这类选题需要保证时间的准确性，无法提前，也不能延迟，否则容易丧失最佳时机，而且制作这类选题的视频，创作者尽量不要抱有太大的期望，避免视频效果不佳，失去制作视频的信心。

2. 节日热点

　　节日热点指重大节日、节点，如中秋节、双十一等。短视频创作者可以借助这类热点，提取其中的元素，作为视频选题，以实现视频的高关注度。比如，在情人节到来之际，创作者可以使用情人节礼物来创作内容，如图2-9所示。

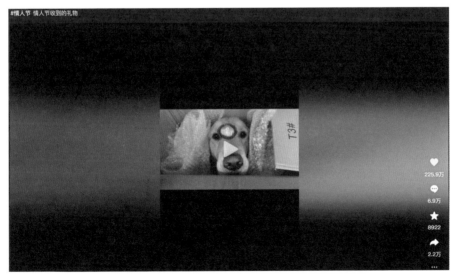

图 2-9　情人节送礼物的短视频

3. 平台热点

　　平台热点指各个平台举办的活动、热门话题等。这类热点的特点是发生的频率高、容易模仿且有效时限较长。创作者可以融合自己的专业所长去参与相应的活动作为视频的选题，既输出了视频内容，又能够获得更多的流量。图2-10所示为抖音平台举办的话题活动示例。

图 2-10　抖音平台举办的话题活动示例

022　打造优质的短视频标题

扫码看教学视频

标题是增加视频亮点必不可少的要素，要做好短视频文案，就要重点关注短视频标题的制作。创作短视频标题必须掌握一定的写作技巧和写作标准，只有熟练掌握撰写标题必备的要素，才能更好、更快地实现标题撰写，达到引人注目的效果。下面介绍短视频文案标题的策划要点。

1. 制作要点

（1）不虚张声势

短视频的标题是短视频内容的"窗户"，观众如果能从这扇窗户中看到短视频的大致内容，就说明这一短视频的标题是合格的。换句话说，就是短视频标题要体现出短视频内容的主题。

虽然标题就是要起到吸引观众的作用，但是如果观众被某一标题吸引，点击查看内容时却发现标题和内容主题联系得不紧密，或者完全没有联系，就会降低观众的信任度，而短视频的点赞量和转发量也将被拉低。

因此，短视频创作者在撰写短视频标题的时候，务必注意所写的标题与内容主题的联系紧密，切勿"挂羊头卖狗肉"或"虚张声势"，而应该尽可能地让标题与内容紧密关联。

（2）不冗长繁重

一个标题的好坏直接决定了短视频点击量、完播率的高低，所以短视频创作者在撰写标题时，一定要重点突出、简洁明了，字数不宜过多，最好能够朗朗上口，这样才能让观众在短时间内就能清楚地知道作者想要表达的是什么，从而提高短视频的完播率。

在撰写标题的时候，要注意标题用语的简短，突出重点，切忌标题成分过于复杂，标题越简单明了越好。观众在看到简短的标题时，会有一种比较舒适的视觉感受，阅读起来也更为方便。

（3）善用吸睛词汇

短视频的标题如同短视频的"眼睛"，在短视频中有十分重要的作用。标题展示着一个短视频的大意、主旨、主题，甚至是对故事背景的诠释，标题的好坏在一定程度上影响着短视频数据的高低。

若短视频创作者想要借助短视频标题吸引观众，就必须使标题有点睛之处，而给短视频标题"点睛"是有技巧的，在撰写标题的时候，短视频创作者可以加入一些能够吸引观众眼球的词汇，如"惊现""秘诀""震惊""福利"等，这些词汇能够让观众产生好奇心，如图2-11所示。

图 2-11　在标题加入一些吸引观众眼球的词汇

2.拟写技巧

（1）拟写的3个原则

评判一个文案标题的好坏，不仅要看它是否有吸引力，还需要参照其他一些原则。在遵循这些原则的基础上撰写的标题，能够为短视频带来更多的流量。这些原则具体如下。

① 换位原则。短视频创作者在拟定文案标题时，不能只站在自己的角度去想，还需要站在观众的角度去思考。

也就是说，应该将自己当成观众。假设你是观众，你想知道某个问题的答案，你会用什么样的搜索词进行搜索？以类似这样的思路去拟写标题，能够让你的短视频标题更接近观众心理，从而精准地对焦观众人群。遵循换位原则拟写标题举例说明如下。

短视频创作者在拟写短视频标题前，可以先将有关的关键词输入浏览器中进行搜索，然后从排名靠前的文案中找出它们写作标题的规律，再将这些规律用于自己要撰写的文案标题中。

② 新颖原则。新颖原则能够使得短视频文案的标题更具吸引力。若短视频创作者想要让自己的文案标题形式变得新颖，可以采用以下几种方式，如图2-12所示。

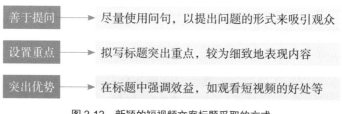

图2-12　新颖的短视频文案标题采取的方式

③ 关键词组合原则。通过观察，可以发现能获得高流量的文案标题，都是拥有多个关键词并且进行组合之后的标题。这是因为只有单个关键词的标题，被观众搜索到的概率更小，排名影响力不如多个关键词的标题。

比如，如果仅在标题中嵌入"面膜"这一个关键词，那么观众在搜索时，只有搜索到"面膜"这个关键词，文案才会被搜索出来，而标题上如果含有"面膜""变美""年轻"等多个关键词，则观众在搜索其中任意关键词的时候，文案都会被搜索出来，这样的短视频标题更能吸引观众的眼球。

（2）凸显文案的主旨

俗话说："题好一半文。"意在说明一个好的标题就等于这篇文章成功了一半。衡量一个标题好坏的方法有很多，而标题是否体现短视频的主旨就是衡量这些标题好坏的一个主要参考依据。

如果一个短视频标题不能够做到在短视频观众看见它的第一眼就明白它想要表达的内容，那么该短视频便不容易被观众看到，且视频容易丧失一部分价值。

因此，短视频创作者为实现视频内容的高点击量和高效益，在取文案标题时一定要多注重凸显文案的主旨，紧扣视频的内容。比如，短视频创作者可以在脚本的大致框架中，集中概括出一个或两个关键词作为标题，也可以将自己视频内容中想要表达的价值，在标题中体现出来。

（3）重视词根的作用

在进行文案标题拟写的时候，短视频创作者需要充分考虑怎样去吸引目标观众的关注。而要实现这一目标，就需要从关键词着手。因为关键词由词根构成，因此需要更加重视发挥词根的作用。

词根指的是词语的组成部分，不同的词根组合可以有不同的词义。比如，一篇文案标题为"十分钟教你快速学会手机摄影"，那么这个标题中的"手机摄影"就是关键词，而"手机""摄影"就是不同的词根，根据词根可以写出更多与词根相关的标题，如"手机拍照""摄影技术"等。

图2-13所示为短视频标题示例，从图中可以看出，该视频标题的词根为"大片"，根据这两个词根可以写出"旅拍""视频拍摄"等标题。

图 2-13　短视频标题示例

观众一般习惯根据词根去搜索短视频，若短视频的标题中恰好包含了观众搜索的词根，那么该短视频便很容易被推荐给观众观看。

023 写出吸睛的短视频文案

扫码看教学视频

若是短视频创作者有一定的网感，相信不难看出大多数的爆款文案都是有一定写作规律的，通过分析爆款短视频就可以很容易发现规律。下面介绍爆款短视频文案的3个常用写作公式。

1.问题+故事+观点

"问题+故事+观点"这个公式是指短视频创作者先用提问法，提出一个问题来吸引观众，然后用讲故事的形式结合具体的案例来论证这个问题，最后再表达个人观点和引导观众互动。

比如，某个情感口播短视频创作者在视频的开头先提出了一个问题："你知道怎么能看出一个人对爱情有没有责任感吗？"然后就开始讲述他的一个女生朋友的爱情故事。接着再提出："我们在爱情当中有享受快乐的权利，也有承担让伴侣双方变得更好、更亲密的义务，承担义务的代价是我们需要承受很多的委屈和眼泪，但这些委屈和眼泪就是一个人对爱情的责任。"

短视频创作者在运用这个公式时，重点在讲述故事。因为提出问题和阐述观点，可以就任意一个问题发表自己的看法，每个人的观点都是独特的，足以吸引观众。但讲述故事需要结合问题，并融入问题进行回答。

短视频创作者可以掌握以下3个讲故事的技巧，如图2-14所示。

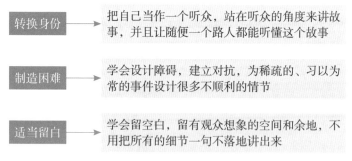

图 2-14 讲故事的技巧

就设计障碍来说，短视频创作者可以把一件习以为常的事件作为故事蓝本，如"每天早晨坐公交车去上班"对短视频创作者来说是一件很平常的事，作为故事讲述出来，加入障碍，如"我和以往一样早上坐公交车去上班，但是今天的车上人很多，而且路上还很堵，导致我迟到了"，把"车上人很多""路上很堵车"作为障碍，让听故事的观众觉得故事有起伏、比较丰富。

在留空白上，短视频创作者可以不用直白讲述，如故事为"一个人去请教智者，询问如何拒绝别人"，智者没有直接回答他，而是问了他另一个问题："你要不要喝杯茶？"那人想了想，自己也不口渴，便回答道："不了，我不渴。"那人再次询问应该如何拒绝别人，智者答道："你不是已经有答案了吗？"在这个故事中，答案并没有像问题那样呼之欲出，而是较为隐晦地表达了出来，留给观众一些思考的空间，发人深省。

2. 结果+证明+观点

"结果+证明+观点"这个公式是指短视频创作者在开头先说出事件的结果，然后对这个结果进行验证，最后再给出独到的见解和观点。

比如，短视频创作者在视频的开头提出一个结果"听说女生都很抗冻"，然后用采访的形式采访几个在雪天穿裙子的女生来论证这个结果，其中可以设置反转，让女生在没有外露的衣服上贴满暖宝宝，以此反证结果的错误，得出并非所有的女生都抗冻，大多数女生采取了保暖措施的观点。

在套用这个写作公式时，证明的过程可以设置反转，以增加故事的幽默性和看点。需要注意的是，短视频创作者在表达观点时，尽量给出独到的、出人意料的观点，给观众一些惊喜感，从而增加短视频的关注度。

3. 冲突+问题+答案

"冲突+问题+答案"这个公式是指短视频创作者可以先制造一个冲突，然后提出与冲突有关的问题，之后再给出答案。在这个公式中，提出问题和给出答案可以针对短视频内容来撰写，制造冲突则有一定的技巧，需要运用一些巧思。比如，短视频创作者在描述一次看病的趣事时写道，"有一天，去医院看检查结果，医生语重心长地看着我说：'怎么才来呀，再晚我就下班了。'"

这个文案中借助迟到的"晚"和重病无法治疗的"晚"是同一个字来制造冲突，让人在看完后哭笑不得。除此之外，短视频创作者也可以运用反义词来制造冲突，如"明明是天晴，我却觉得是下雨天""外表格外热情，内心冷若冰霜"等。

024　设置合适的短视频时长

扫码看教学视频

短视频平台一般要求视频长度在10～60秒。实际上这个时间段并不是一成不变的，它还会受到许多其他的因素影响而变化。视频时长除了要满足平台规定，还需要根据视频内容、受众群体、营销目的等多方面的因素进行综合考虑。

一般来说，快手短视频的时长主要受以下因素的影响，如图2-15所示。

视频内容 →	如果是以轻松、搞笑、娱乐为主的视频，需要抓住用户的短时记忆，那么就可以制作时长简短的短视频。如果内容比较多，像育儿、亲子、养生、健身等视频，可以增加视频时长，展示产品或服务的细节和特点
受众群体 →	短视频用户的年龄、性别、职业和地区等因素也会影响短视频的时长。例如，年轻人比较喜欢轻松、搞笑类的短视频，且观看短视频的时间不长，因此这些视频的时长可以控制在一分钟以内
营销目的 →	短视频的时长还与营销目的有关。如果目的是提高品牌知名度或影响力，那么就可以用短而精的视频来表现内容；如果目的是促进销量，那么就可以增加时长，重点突出产品或者服务的质量，让观众陷入情境中，起到深入人心的目的

图 2-15　影响短视频时长的因素

所以，创作者要根据自己的实际情况控制视频的时长，让视频可以传递创作者表达的内容，同时又不让观众反感。

025　设置适合手机观看的视频尺寸

扫码看教学视频

对于短视频用户，一般都是使用手机观看视频的，因此短视频的尺寸也会影响视频的流量，所以创作者最好制作9∶16尺寸的视频，效果展示如图2-16所示。

图 2-16　效果展示

如果用户拍出来的是横屏视频，那么如何转换视频的尺寸呢？下面以剪映App为例，为大家介绍操作方法。

步骤01 打开剪映App，进入"剪辑"界面，点击"开始创作"按钮，如

图2-17所示。

步骤02 ❶在"照片视频"界面中选择视频素材；❷选中"高清"复选框；
❸点击"添加"按钮，如图2-18所示，添加横屏视频。

图 2-17　点击"开始创作"按钮

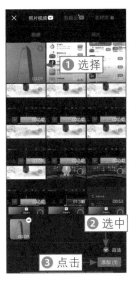

图 2-18　点击"添加"按钮

步骤03 在一级工具栏中点击"比例"按钮，如图2-19所示。

步骤04 弹出相应的面板，❶选择9∶16选项，把视频画面转换成竖屏；
❷点击✅按钮，如图2-20所示。

图 2-19　点击"比例"按钮

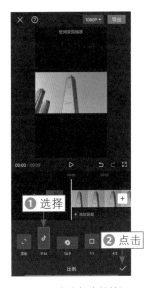

图 2-20　点击相应的按钮

步骤 05 ❶选择视频素材；❷放大视频画面并微微调整位置；❸点击"导出"按钮，如图2-21所示。

步骤 06 导出成功之后，点击"完成"按钮，如图2-22所示。

图 2-21 点击"导出"按钮

图 2-22 点击"完成"按钮

026 制作精美的短视频封面图片

扫码看教学视频

制作封面用心与否，决定了观众对短视频第一印象的好坏，然而很多创作者都没有注意到这一点，制作一个美观、信息点齐全的封面可以提升创作者的专业性，也能吸引更多的观众查看视频、关注账号，这是不能省略的步骤，效果展示如图2-23所示。

下面以剪映App为例，为大家介绍操作方法。

步骤 01 在剪映App中导入视频，点击"设置封面"按钮，如2-24所示。

步骤 02 进入相应的界面，点击"封面模板"按钮，如图2-25所示。

图 2-23 封面效果展示

图 2-24　点击"设置封面"按钮

图 2-25　点击"封面模板"按钮

步骤03 ❶切换至VLOG选项卡；❷选择一款模板；❸点击✓按钮，如图2-26所示，套用封面模板。

步骤04 ❶双击文字并更改文字内容；❷点击"保存"按钮，如图2-27所示，保存封面。

图 2-26　点击相应的按钮

图 2-27　点击"保存"按钮

第 3 章　分镜第三步，学构图

对于短视频，即使是相同的场景，也可以采用不同的拍摄角度和构图方式，从而形成不同的画面效果。创作者在拍摄短视频作品时，可以通过改变拍摄角度和进行构图，展现独特的画面魅力。本章将为大家介绍相应的内容，帮助大家创作出更出色的视频画面效果。

3.1　7 种拍摄角度，把握各种观察视角

在拍摄一个具体的对象时，根据画面需要，可以采取平拍、俯拍或者仰拍的方式，拍摄其正面、背面或者侧面，展示被摄对象不同角度的样子。

这些灵活多变的角度镜头，可以让短视频画面更多变。不同的角度镜头可以赋予被摄对象不同或相反的感情色彩，甚至产生独特的造型效果。本节将带领大家学习一些角度镜头，希望大家可以熟练掌握。

027　平拍角度：客观的观察视角

扫码看教学视频

平拍角度镜头是指相机镜头与被摄对象的视点处于同一水平线上，以平视的角度拍摄的镜头。

平拍角度比较接近人们观察事物的视觉习惯，画面中的大部分事物都比较客观，而且与现实中的样子不会有太大的差距。图3-1所示为使用平拍角度拍摄的老虎画面，画面中的视觉水平线与动物的视线差不多一样高，可以展示动物最客观的状态。

图 3-1　使用平拍角度拍摄的老虎画面

平拍镜头虽然给人平易近人的感觉，但是如果一段视频都是这个角度的镜头，会让观众觉得画面比较平庸，没有层次感和透视感。因此在构图时，最好寻找对比增加看点，比如大小对比、虚实对比和色彩对比等。

028　俯拍角度：突出环境的重要性

俯拍角度就是镜头从上往下拍摄，在普通的地面水平线上，可以举高摄像机或者利用地形上的高度差进行俯拍取景，展现所拍摄的环境。

如果要拍摄的场景非常广阔，就可以利用飞机或者无人机进行高空俯拍取景，展现大场面，如图3-2所示。

图 3-2　利用飞机或者无人机进行高空俯拍取景

俯拍人物时，这种居高临下的视角，会削弱人物的力量和重要性。在短视频中，使用俯拍角度拍摄人物，会使其变得娇小，如图3-3所示。

图 3-3　使用俯拍角度拍摄人物

029　仰拍角度：增强角色的存在感

扫码看教学视频

在杂乱的背景环境中拍摄某一对象，可以用仰视的角度，以天空为背景，可以让画面背景变得简洁，从而更好地突出主体，如图3-4所示。

图 3-4　用仰视的角度拍摄人物

仰拍的时候，镜头一般会与地面水平线产生一定的角度，所以在仰拍建筑时，可以让其更显高大和雄伟，如图3-5所示。

图 3-5　仰拍建筑

030 正面角度：真实直接的视角

扫码看教学视频

正面角度可以直接展示人物的神态与动作，因此比较正式和庄重，如图3-6所示，如果不想短视频画面太呆板，人物可以微微扭头，展示正侧脸。

图 3-6 从正面角度拍摄人物

用正面角度拍摄建筑等物体，可以突出建筑的对称感和宏伟气势，如图3-7所示。如果在一段画面中，正面角度过多，也会显得过于平淡，缺乏张力。

图 3-7 用正面角度拍摄建筑

031 侧面角度：展现对象的轮廓

侧面角度是在被摄对象90°的位置进行拍摄的角度。侧面角度不同于正面角度，侧面角度可以消除画面的呆板，让画面显得活泼和自然。侧面角度有正侧面和斜侧面之分。图3-8所示为正侧面，在拍摄人物时，同时凸显人物的轮廓美感。图3-9所示为斜侧面，这个角度不仅可以显脸小，还可以传递人物的情绪。

图 3-8 正侧面

图 3-9 斜侧面

在拍摄风光、建筑等时，侧面角度可以展现立体感、透视感和空间感，如图3-10所示。在短视频拍摄中，侧面角度也是使用最多的角度，尤其是在对话场景中。

图 3-10 侧面角度拍风光

032 背面角度：保持角色的神秘感

扫码看教学视频

背面角度是指镜头光轴与被摄对象的视线夹角呈180°，拍摄人物的背面，如图3-11所示。以逆光下的背面角度拍摄，则主体呈剪影，带有一定的神秘感，画面比较含蓄，留下无限的遐想空间。

图 3-11　背面角度画面

从人物的背面拍摄，还可以拍摄过肩镜头，这时人物的背面就可以作为一个构图的框架，如图3-12所示。在对话场景中，过肩镜头是使用得比较多的。

图 3-12　背面过肩镜头画面

033 倾斜角度：画面失去平衡感

　　倾斜角度镜头也叫"荷兰式倾斜镜头"，这种镜头下的画面是失衡的，会营造紧张、不安和疯狂的气氛。

　　倾斜角度镜头带有相当强的主观意向，可以表现人物的无助和迷茫。倾斜角度镜头同时充满心理动感，运动方向是向下走的，换种方式而言，倾斜角度镜头意味着更坏的局面和危机即将到来。

　　倾斜角度镜头可以让观众感到焦虑、紧张，但观众对于当前的局势却又是束手无策的。对于短视频拍摄，倾斜角度可以用来拍摄动感的画面，打破常规，让观众用不同的角度看世界，如图3-13所示。

图 3-13　倾斜角度镜头画面

　　根据倾斜角度的大小和程度，也可以营造不同的氛围。

3.2 9种构图技巧，让视频画面更美观

在拍摄短视频时，少不了构图。构图是指通过安排各种物体和元素，来实现一个主次关系分明的画面效果。在拍摄短视频时，创作者可以通过适当的构图方式，将想要表达的主题思想和创作意图形象化和可视化地展现出来，从而创造出更出色的视频画面效果。那么，创作者应该如何构图呢？本节将介绍9种构图技巧。

034 水平线构图：增强画面的空间感

水平线构图是视频拍摄中最常用的一种构图方式，非常适合用在横版视频中，如图3-14所示。在拍摄山河、平原、湖泊、建筑等场景时，可以展现出壮观和宏伟的感觉。

扫码看教学视频

图 3-14　水平线构图画面

对于水平线的选择，地平线是大多数人的选择，设计好之后，可以给观众一种空间感和层次感。在构图拍摄时，也要尽量避免水平线的倾斜。总之，最好不倾斜，如果要倾斜，也需要有美感。比如，在进行斜线构图时，就是刻意地倾斜。

035 三分线构图：平衡画面中的元素

什么是三分线构图法？三分线构图是指将画面从横向或纵向分为三部分，在拍摄短视频时，将对象或焦点放在三分线的某一位置上进行构图取景，让对象更加突出，画面更加美观，如图3-15所示。

扫码看教学视频

图 3-15　横向三分线和纵向三分线构图画面

九宫格构图又叫井字形构图，是三分线构图的综合运用形式，是指用横竖各两条直线将画面等分为9个空间，不仅可以让画面更加符合人眼的视觉习惯，而且还能突出主体、均衡画面。

使用九宫格构图时，不仅可以将主体放在4个交叉点上，也可以将其放在9个空间格内，可以使主体非常自然地成为画面的视觉中心。在拍摄短视频时，拍摄者可以将手机的九宫格构图辅助线打开，以便更好地对画面中的主体元素进行定位或保持线条的水平。

图3-16所示为九宫格构图画面，将花朵安排在九宫格右上角的交叉点上，可以给画面留下大量的留白空间，体现出花朵的延伸感。

图 3-16　九宫格构图画面

036　三角形构图：增强主体的重要性

扫码看教学视频

要采用三角形构图法拍摄，可以利用画面中的若干景物形成三角形的结构，或者利用主体本身的三角形结构，如图3-17所示。

图 3-17　利用主体本身的三角形结构进行构图

除了构造成正三角形的结构，还有斜三角或者倒三角，如图3-18所示。

图 3-18　利用倒三角形构图拍摄的画面

　　由于三角形是最稳定的结构，所以利用好这一构图方式，就可以让短视频画面更和谐、均衡，充满空间感，并构造出独特的几何之美。

037　放射线构图：吸引观众的视线

　　放射线构图法主要利用画面中的线条或形状，引导观众的目光集中到照片的主体或焦点上，在画面中，线条多以发射形式存在。在拍摄的时候，可以拍摄云层或者树叶间隙透出来的光线，也可以拍摄呈放射状的灯光线条，如图3-19所示。

扫码看教学视频

图 3-19　放射线构图画面

　　在构图的时候，需要把控发射中心的位置，向上发散或者向下发散，都会产生不一样的视觉效果。当然，还可以把发射中心放在三分线构图的交点上，让视频画面变得均衡一些。

在使用放射线构图法拍摄具体的自然光线时，需要把控好时间点，提前布局和做好准备，捕捉那短暂的片刻美景。

038 斜线构图：增强画面的动感

扫码看教学视频

斜线构图是运用斜线结构组织画面形成的构图形式，画面具有一种静谧的感觉，斜线的延伸感还可以加强画面的深远透视效果。同时，斜线构图的不稳定性使画面富有新意，给人以独特的视觉感觉。

利用斜线构图可以使画面产生三维的空间效果，增强画面立体感，使画面充满动感与活力，且富有韵律感和节奏感。斜线构图是非常基本的构图方式，在拍摄轨道、山脉、植物、沿海风光时，可以采用斜线构图的拍摄手法。

在拍摄视频时，从主体的侧面拍摄，就可以拍出斜线，如图3-20所示，斜线构图可以使画面的空间感和立体感更加强烈。

图 3-20　斜线构图画面

在实际的构图拍摄中，把拍摄设备倾斜至一定的角度，就可以最快地进行斜线构图。当然，在构图的时候，对于倾斜角度的选择，可以尽量使主体处于对角线上，展示其延伸感。斜线构图相较于水平线构图，能让画面具有新奇感和创意感。

还有一种是交叉斜线，在拍摄立交桥的时候经常会用到这种构图方式。图3-21所示为拍摄的立交桥视频画面，交叉双斜线构图使画面更具有延伸感，同时也具有几何美感。

图 3-21　交叉双斜线构图画面

039　框式构图：增强画面的层次感

扫码看教学视频

　　框式构图又叫框架式构图、窗式构图或隧道构图。框式构图的特征是借助"框"来取景，而这个"框"可以是规则的，也可以是不规则的，可以是方形的，也可以是圆形的，甚至可以是多边形的。

　　图3-22所示为两个采用框式构图的视频画面示例。一个借助窗户形成圆形边框，将人物框在其中；另一个借助门框形成框式构图。这两个画面不仅明确地突出了主体，同时还让画面更富有创意。

图 3-22　两个框式构图画面

除了使用环境本身的结构制作框式构图，创作者还可以改变拍摄角度，使用前景，打造框式结构，如图3-23所示就是使用荷叶作为前景形式的框式构图，把荷花放在"框"内，可以更好地突出主体。

图 3-23　使用前景打造框式构图

想要拍摄框式构图的视频画面，就需要寻找到能够作为框架的物体，这就需要短视频创作者在日常生活中多留心身边的事物，多仔细观察。

040　曲线构图：表现空间和深度

扫码看教学视频

曲线构图是指摄影师抓住拍摄对象的特殊形态特点，在拍摄时采用特殊的拍摄角度和手法，将物体以类似曲线的造型呈现在画面中，曲线构图常用于拍摄风光、道路及江河湖泊题材。在实际拍摄视频时，C形曲线和S形曲线是用得比较多的。

C形构图是一种曲线构图手法，拍摄对象类似C形，可以体现出被摄对象的柔美感、流畅感和流动感，常用来拍摄弯曲的河流、建筑、马路、岛屿及沿海风光等，如图3-24所示。

S形构图是C形构图的强化版，主要用来表现富有S形曲线美的景物，如自然界中的河流、小溪、山路、小径、深夜马路上蜿蜒的路灯或车队等，会有一种悠远感或延伸感。图3-25所示为拍摄的河流视频画面，河流弯弯曲曲呈S形曲线，不仅具有延伸感，还非常夺人眼球。

图 3-24　C 形构图画面

图 3-25　S 形构图画面

041　对称构图：增强画面的平衡感

　　对称构图是指画面中心有一条线把画面分为对称的两部分，可以是画面上下对称，也可以是画面左右对称，或者是画面的斜向对称，

扫码看教学视频

65

这种对称画面会给人一种平衡、稳定、和谐的视觉感受。

图3-26所示为采用左右对称构图拍摄的视频画面，也使用了三角形构图，从道路中间位置大桥左右对称，可以让观众感受到对称美。

图 3-26　采用左右对称构图拍摄的视频画面

图3-27所示为采用上下对称构图拍摄的视频画面，湖面倒影和山川刚好形成了上下对称构图，让视频画面的布局更为均衡了。

图 3-27　采用上下对称构图拍摄的视频画面

042　对比构图：强化和衬托对象

扫码看教学视频

对比构图的含义很简单，就是通过不同形式的对比来强化画面的构图，可以给人不一样的视觉效果。对比构图的意义有两点：一是通过对比产生区别，来强化主体；二是通过对比来衬托主体，起辅助作用。

想在视频拍摄中获得对比构图的效果，创作者就要找到与拍摄主体差异明显的对象来进行构图，这里的差异包含很多方面，例如在大小、远近、方向、动静和明暗等方面的差异。下面介绍大小对比、明暗对比和颜色对比这3种简单常用的构图方法。

1. 大小对比构图

大小对比构图通常是指在同一画面里利用大小两种对象，以小衬大或以大衬小，来让主体变得突出的构图方式。图3-28所示为大小对比构图画面，用白塔的小来衬托出草地环境的广阔。

图 3-28　大小对比构图画面

2. 明暗对比构图

明暗对比构图，顾名思义，就是通过明与暗的对比来构图取景和布局画面，从影调角度让画面具有不一样的美感的构图方式。明暗对比构图有3层境界：以暗衬明，通过暗部来体现亮部；以明衬暗，通过亮部来衬托暗部；互相呼应，有暗衬明，也有明衬暗。

图3-29所示为明暗对比构图画面，逆光拍摄的地平线周围是亮的，地面和云彩的位置则是暗的，以此来打造视频画面的立体感、层次感和轻重感等特色。

图 3-29　明暗对比构图画面

3. 颜色对比构图

颜色对比构图就是利用对比色来突出主体的构图方式。在拍摄风光时，可以利用自然光、人造光等建立冷暖对比关系，让画面层次变丰富。在绿色的池塘里，长着红色花瓣的荷花，二者相结合，就可以形成冷暖色对比，如图3-30所示。

图 3-30　颜色对比构图画面

第 4 章　分镜第四步，布光线

除了构图，光线和色彩也是非常重要的一环，光线、色彩处理得好，才能让短视频画面更惊艳。摄影可以说就是光的艺术表现，如果想要拍到好作品，必须要把握住最佳影调，抓住瞬息万变的光线。通过不同形式的色彩表现，也能让短视频的效果更加迷人。

4.1 4 个打光技巧，营造氛围增强感染力

自然光线无时无刻不在变化，而人造光源则是可控的，如何利用光线为视频画面增加亮点呢？本节将为大家介绍4个打光技巧，帮助营造视频画面氛围增强感染力。

043 控制视频画面的影调

扫码看教学视频

影调又称基调或调子，是指画面的明暗层次、虚实对比和色彩的色相明暗等关系，通过这些关系，可以让观众感受到光的流动与变化。

从光线的质感和强度上来区分，画面影调可以分为粗犷、柔和、细腻、高调、中间调及低调等。对于短视频，影调的控制是相当重要的，不同的影调可以给人带来不同的视觉感受，是拍摄短视频时常用的情绪表达方式，是画面构图、形象塑造、烘托气氛、传达情绪的重要手段。

（1）粗犷画面影调的主要特点：明暗过渡非常强烈，画面中的中灰色部分面积比较小，基本上不是亮部就是暗部，反差非常大，可以形成强烈的对比，画面视觉冲击力强，如图4-1所示。粗犷的影调可以给人们刚强、力量、兴奋之感。

图 4-1　粗犷的画面影调

（2）柔和画面影调的主要特点：在拍摄场景中几乎没有明显的光线，明暗

反差非常小，被摄物体也没有明显的暗部和亮部，画面比较朦胧，给人的视觉感受非常舒服，如图4-2所示。

图 4-2　柔和的画面影调

（3）细腻画面影调的主要特点：画面中的灰色占主导地位，明暗层次感不强，但比柔和的画面影调要稍好一些，而且也兼具了柔和的特点，如图4-3所示。通常要拍出细腻的画面影调，可以采用顺光、散射光等光线。

图 4-3　细腻的画面影调

（4）高调画面的主要特点：画面以亮调为主导，暗调占据的面积非常小，或者几乎没有暗调，色彩主要为白色、亮度高的浅色及中等亮度的颜色，画面看上去很明亮、柔和，如图4-4所示。

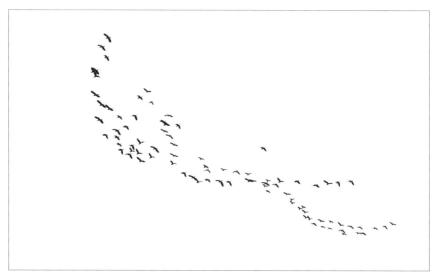

图 4-4 高调画面

（5）中间调画面的主要特点：画面的明暗层次、感情色彩等都非常丰富，细节把握也很好，不过其基调并不明显，可以用来展现独特的影调魅力，能够很好地体现主体的细节特征，如图4-5所示。

图 4-5 中间调画面

（6）低调画面光影的主要特点：暗调为画面的主体影调，受光面积非常小，色彩主要为黑色、低亮度的深色及中等亮度的颜色，在画面中留下大面积的阴影部分，呈现出深沉、黑暗的画面风格，通常会给观众带来深邃、凝重的视觉效果，如图4-6所示。

图 4-6　低调画面

044　利用不同类型的光源

不管是阴天、晴天、白天、黑夜，都会存在光影效果，拍视频要有光，更要用好光。下面介绍3种不同类型的光源，如自然光、人造光和现场光，让大家认识这3种常见的光源，学习运用这些光源来让短视频的画面色彩更加丰富。

扫码看教学视频

1. 自然光

自然光，显而易见就是指大自然中的光线，通常来自太阳的照射，是一种热发光类型。自然光的优点在于光线比较均匀，而且照射面积也非常大，通常不会产生有明显对比的阴影。自然光的缺点在于光线的质感和强度不够稳定，会受到光照角度和天气因素的影响。

如图4-7所示，利用日光作为整个视频画面的光源来进行拍摄，这种直射光线的特质是光质较硬，可以拍出最真实的画面感。

图 4-7　自然光拍摄效果

2. 人造光

人造光主要是指利用各种灯光设备产生的光线效果，比较常见的光源类型有白炽灯、日光灯、节能灯及LED灯等。人造光的主要优势在于可以控制光源的强弱和照射角度，从而完成一些特殊的拍摄要求，增强画面的视觉冲击力。

在影棚内拍摄视频时，采用LED补光灯直射模特，人物整个脸部和身体都没有明显的阴影，有助于主体和情绪的表达，如图4-8所示。

图 4-8　人造光拍摄效果

3.现场光

现场光主要是指拍摄现场的各种已有光源，如路灯、建筑外围的灯光、舞台氛围灯、室内现场灯及大型烟花晚会的光线等，这种光线可以更好地传递场景中的情调，而且真实感很强，如图4-9所示。

图 4-9　现场光拍摄效果

需要注意的是，创作者在拍摄时需要尽可能地找到高质量的光源，避免画面模糊。光线是可以利用的。当不能有效利用自然光时，创作者可以尝试使用人造光源或现场光源，也是一种十分有效的拍摄方法。

045　掌握不同方向光线的特点

在视频拍摄中，光线是非常重要的，想要画面更有"灵魂"，必须掌握一定的用光技巧，因为光线可以让人变胖，也可以让人变瘦，在对模特的性格、情绪、外表塑造上，也会产生一定的影响。下面为大家详细介绍如何借用不同的光线。

扫码看教学视频

（1）顺光就是指照射在被摄对象正面的光线，光源的照射方向和镜头的拍摄方向基本相同，其主要特点是受光非常均匀，画面比较通透，不会产生非常明显的阴影，而且色彩也非常真实、亮丽，如图4-10所示。

（2）侧光是指光源的照射方向与镜头拍摄方向呈90°左右的直角状态，因此被摄对象受光源照射的一面非常明亮，而另一面则比较阴暗，画面的明暗层次感非常分明，可以体现出一定的立体感和空间感，如图4-11所示。

图 4-10　顺光拍摄效果

图 4-11　侧光拍摄效果

（3）前侧光是指从被摄对象的前侧方照射过来的光线，同时光源的照射方向与镜头的拍摄方向形成45°左右的水平角度，画面的明暗反差适中，立体感和层次感都很不错，如图4-12所示。

（4）逆光是指从被摄对象的后面正对着镜头照射过来的光线，可以产生明显的剪影效果，从而展现出被摄对象的轮廓线条，如图4-13所示。

图 4-12　前侧光拍摄效果

图 4-13　逆光拍摄效果

（5）顶光是指从被摄对象顶部垂直照射下来的光线，与镜头的拍摄方向形成90°左右的垂直角度，主体下方会留下比较明显的阴影，往往可以体现出立体感，同时可以体现出分明的上下层次关系，如图4-14所示。

（6）底光是指从被摄对象底部照射过来的光线，也可以称为脚光，通常为人造光源，如图4-15所示，可以让被摄对象产生发光的效果。在特定场景中，可以形成阴险、恐怖、刻板的视觉效果。

图 4-14 顶光拍摄效果

图 4-15 底光拍摄效果

046 选择合适的拍摄时机

在户外拍摄短视频时，自然光线是必备元素，因此我们需要花一些时间去等待拍摄时机，抓住"黄金时刻"来拍摄。同时，我们还需要具备极强的应变能力，快速做出合理的判断。当然，具体的拍摄时间要"因地而异"，没有绝对的说法，在任何时间点都能拍出漂亮的短视频，关键就在于个人对光线的理解和时机的把握了。

扫码看教学视频

很多时候，光线的"黄金时刻"时间较短，我们需要在短时间内迅速构图并调整机位进行拍摄。因此，在拍摄短视频前，如果时间比较充足，可以事先踩点确认好拍摄机位，这样在"黄金时刻"到来时，不至于匆匆忙忙地再去做准备。

通常情况下，日出后的一小时和日落前的一小时是拍摄绝大多数短视频场景的"黄金时刻"，此时的太阳位置较低，光线非常柔和，能够表现出丰富的画面色彩，而且画面中会形成阴影，更有层次感，如图4-16所示。

图 4-16　日落后的拍摄效果

当然，并不是说这两个"黄金时刻"就适合所有的场景。图4-17所示的这个短视频并非拍摄于日出日落的"黄金时刻"，而是在中午时分拍的，能够更好地展现青绿色的草地和蓝天白云的场景，因此中午就是这个场景的最佳拍摄时机。

图 4-17　中午时分拍摄的视频画面

★ 专家提醒 ★

好的光线条件，对短视频主题的表现和气氛的烘托至关重要，因此我们要善于在拍摄时等待和捕捉光线，让画面中的光线更有意境。

4.2　2个色彩技巧，表达不同的情感

视频中的画面色彩在抒情方面也有一定的作用，不同的色彩和色调可以美化画面，也可以表达不同的情感。本节将为大家介绍两个色彩技巧。

047　冷暖色调的运用

扫码看教学视频

色彩会让人产生情感联系，不同的色调可以表达不同的情感，如同情、冷漠、高兴、愤怒等情绪，下面将为大家介绍冷暖色调的运用。

1. 暖色调

在一些表达开心、喜悦的视频里，以黄色、橙色、红色等暖色调为主色调，可以让观众感觉到温暖和阳光。暖色调会给人热情、活泼、生动的感受，因此在一些温情的视频画面中，可以适当使用暖色调画面，如图4-18所示。

图 4-18　暖色调画面

除了使用单一的暖色调色彩营造氛围，还可以使用各种色彩进行叠加，让画面更生动一些，如图4-19所示，金黄色的秋叶与红色的灯笼交相点缀。

图 4-19　金黄色的秋叶与红色的灯笼交相点缀

2.冷色调

常见的冷色调色彩有蓝色、绿色、青色、灰色、紫色等。冷色调会给人带来安静、凉爽、寒冷、坚实、强硬的视觉感受，如图4-20所示。在抒情上，会让观众有悲伤、阴郁或者平静的情绪。

图 4-20　冷色调画面

在拍摄短视频的时候，如果视频的主题比较忧郁或者悲伤，可以让模特身着冷色调的服装，也可以选择一些冷色调背景进行拍摄，营造氛围。除此之外，还可以设置白平衡参数，降低色温，拍出冷色调。

3. 对比色调

对比色调有色相、饱和度和亮度的对比。一般而言，在视频拍摄中，常见的有冷暖色对比。色彩带来的情绪和对比关系，可以让意境得到表达和增强。

如果需要拍摄大自然中的冷暖对比色调，那么时机的选择非常重要。一般而言，在日出、日落前后，这时的冷暖色调对比是最强烈的，如图4-21所示。太阳光映射的云霞是暖色的，而天空和地表则是冷色的。

图 4-21　冷暖对比色调画面

在日落后的蓝调时间，天还没有完全黑，城市中流动的车轨和灯光开始显现，此时蓝色的天空与地面的光影交相辉映，冷暖对比也是最明显的，如图4-22所示。对于人像视频的拍摄，创作者还可以通过服装和道具的色彩，人工制造对比色调。

图 4-22　蓝色的天空与地面的光影交相辉映

048　饱和度的运用

扫码看教学视频

　　高饱和度的色彩比较浓郁，给人张扬、活泼、温暖的感觉，也会比较吸人眼球。但如果饱和度过高，色彩过于浓艳，就容易使人感到疲劳，画面缺少质感，整体就不耐看。

　　图4-23为高饱和度的视频画面，第一眼看非常吸睛，但是看久了、看多了就会感受到视觉疲劳。

图 4-23　高饱和度的视频画面

　　低饱和度会给人一种安静、理性、深沉的感觉，更容易打造出有质感的视频画面，如图4-24所示。但是，当饱和度降低到极致时，视频画面就会变成黑白色，色彩就不明显了，如图4-25所示。

图 4-24　低饱和度的视频画面

图 4-25　黑白视频画面

在视频画面中，并不是只需要单一色调的，为了让画面中的色彩贴合角色、剧情和主题，可以进行色彩搭配。

比如莫兰迪、美拉德和多巴胺色系，就利用了色彩之间的搭配，让画面更好看。

什么是莫兰迪色系呢？莫兰迪色系来源于艺术家乔治·莫兰迪的一系列静物作品，基于这些作品，人们总结出一套色系。莫兰迪色系不是指某一种固定的颜色，是一种色彩关系，也就是"高级灰"，色系色卡如图4-26所示

美拉德原是指一种普遍的食物非霉褐变现象，后来在时尚界风靡了"美拉德穿搭风"，但本质还是色彩之间的搭配，色系色卡如图4-27所示。

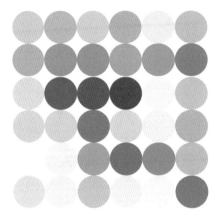

图 4-26　莫兰迪色卡

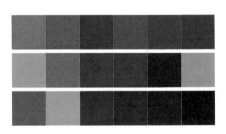

图 4-27　美拉德色卡

多巴胺色系来源于多巴胺穿搭，特点是色彩鲜艳、风格复古且和儿童主题沾边，部分色彩搭配如图4-28所示。

图 4-28　多巴胺色彩搭配

在拍摄短视频时，学会这些色彩搭配，可以为模特穿着和场景打造做色彩搭配，让视频画面更有美感。

第 5 章　分镜第五步，拍类型

短视频除了一镜到底拍摄的画面，大部分是由多个镜头组合而成的，每段视频画面可以由不同的镜头组成，每一个镜头有不同的拍法。本章将为大家介绍景别和不同种类的镜头效果，帮助大家掌握更专业的短视频拍摄知识。

5.1 5种基础景别，适合不同的拍摄场景

景别是指在焦距一定时，由于摄像机与被摄对象距离不同，会影响其在显示器中范围的大小。景别会影响观众对画面的理解，因此创作者可以利用好各种场面和镜头调度，交替使用不同的景别，让剧情得以顺利地表达，更好地处理人物关系，以及增强短视频的感染力。本节将介绍5种基础景别。

049 远景：重点展现环境

扫码看教学视频

大家一般都看过电影，因此应该看过远景镜头。远景镜头通常出现在电影的开始和结束位置，让观众进入电影情节或者慢慢远离画面。

拍摄远景镜头，通常会把摄像机放在离被摄对象很远的地方，重点展现人物所处的环境空间。人物在画面中仍然可见，但相对较小，细节不如近景或特写镜头清晰，如图5-1所示。

图 5-1 远景镜头画面

在大远景镜头中，人物通常显得非常小，甚至可能只是一个一个的点，细节并不明显。因此，大远景镜头常用来展示广阔的场景或宏大的场面，突出环境与空间感，如图5-2所示。

在拍摄远景镜头时，要注意画面整体的结构、空间的深度。如果不是用来交代大环境，尽量少用远景，因为有些远景镜头里没有人物，这就很难推动情节的发展。

图 5-2 大远景镜头画面

050 全景：展示角色全貌

扫码看教学视频

全景镜头的拍摄距离比较近，能够将人物角色的整个身体完全拍摄出来，包括性别、服装、表情、手部和脚部的肢体动作，如图5-3所示。

图 5-3 全景镜头画面

相比较远景而言，在全景镜头中，部分细节是比较清晰的。因此，全景镜头在情节发展中具有重要的作用，而在一些短剧或者新闻类短视频中，全景镜头也常用在开场画面中。

全景中的主体应成为画面的视觉中心、内容中心和结构中心。拍摄全景镜头时，要注意空间深度的表达，注意主体富有特征的轮廓线条和形状，还需要注意前景、背景及周围环境与主体的呼应关系。在实际的短视频拍摄中，应该先拍摄全景。

051 中景：用来过渡剧情

扫码看教学视频

中景是指底部画框刚好卡在人物膝盖左右的位置或拍摄场景局部的画面，可以使观众看清人物半身的形体动作和情绪，如图5-4所示。在一些动作、对话和情绪交流的短视频画面中，可以多使用中景镜头，用来过渡剧情。

图5-4 中景镜头画面

在拍摄中景镜头的时候，注意场面调度要富有变化，在构图上最好新颖，讲究画面的优美度。

★ 专家提醒 ★

在中景与近景之间，还有中近景镜头。中近景镜头以人物腰部左右的位置为分界线，可以清晰看到人物的脸部表情及上半身的动作，也适合用在人物角色对话的场景中。

052　近景：表现人物神态

扫码看教学视频

　　近景通常拍摄人物胸部以上的位置，或者物体局部的画面，如图5-5所示。它能够清晰地展示人物的面部表情、神态以及一些细微的动作，适合用于刻画人物性格、传递情绪或突出人物与环境的互动。近景镜头在短视频中常用于拉近观众与角色的距离，增强代入感。

图 5-5　近景镜头画面

★ 专家提醒 ★

　　由于近景镜头中人物的面部非常清楚，部分缺陷也会显露出来，所以在造型和妆容上需要着重注意，尽量遮盖瑕疵。当然，还可以调整拍摄的角度，比如拍摄人物的侧面，这样就可以显脸小。

053　特写：突出对象局部

扫码看教学视频

　　特写镜头聚焦于人物或物体的局部，如面部、眼睛或手部等，放大细节以展现细微动作、表情或物体质感。它常用于强化情感、制造视觉冲击或突出关键情节，是表现角色内心或推动剧情的重要手段，如图5-6所示。

　　特写镜头再细分一下，还有极特写镜头，如图5-7所示。极特写镜头可以通过展示物体某个小细节或人物角色的某一细节，强化视觉传达，体现出该细节对叙事内容存在的重大意义，也可以作为抽象镜头来展现整体的戏剧基调和主题。

　　在拍摄极特写镜头的时候，除了把镜头尽量靠近被摄对象，还可以利用变焦进行取景，放大焦段，获取想要的视频画面。

图 5-6　特写镜头画面

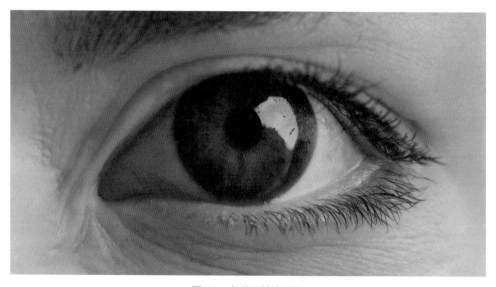

图 5-7　极特写镜头画面

　　特写镜头还有着放大形象、深化内容、强化本质的作用。特写镜头会给人以强烈、集中和突出的印象，强烈地刺激人的视觉和心理。

　　利用特写，可以在复杂的环境中突出主体，还能将人物的表情和情绪变化、心灵信息传达给观众，可以用来塑造人物的性格、传递情绪。

　　在拍摄物体时，特写镜头可以用来突出物体的细部特征，揭示其含义。由于特写镜头的空间感不强，可以用作转场镜头，过渡画面。

5.2 6种镜头，影响画面造型和叙事风格

除了景别镜头，在一段视频中，还有主镜头、关系镜头、空镜头、视点镜头等，了解和学习这些镜头知识，可以让短视频拍摄更加专业。本节将介绍6种镜头。

054 主镜头和长镜头：主导画面，叙事更流畅

这里将主镜头和长镜头放在一起说明。主镜头是指一个段落里的主导镜头，而长镜头讲究内容写实且画面连贯。主镜头和长镜头都是视频里不可或缺的，有各自的特点，表现的也是不同的风格。

扫码看教学视频

长镜头的拍摄手法也叫"一镜到底"，一般而言，一个镜头的时间长度达到30秒就可算作长镜头了。

比如，电影《帝国大厦》全长485分钟，就是用长镜头一镜到底拍摄的电影，一台摄像机，对着帝国大厦，从早上8点拍到下午2点，如图5-8所示。

图 5-8 电影《帝国大厦》画面

在短视频中，主镜头是很容易辨别的——交代场景所有元素的镜头，就是主镜头，如图5-9所示。对于段落中的主镜头，主要用来建立事物或动作完整面貌，是造成被摄对象形象连贯的主要手段，通常以远景或移动镜头拍摄一个段落的所有动作。

图 5-9　主镜头画面

对于长镜头，里面包含着主镜头，但主镜头不一定是长镜头。

055　关系镜头：交代相互关系的镜头

扫码看教学视频

关系镜头主要用来介绍环境关系、人物与人物之间的关系和环境与人物之间的关系。关系镜头可以用来概括和介绍环境，也可以用来烘托环境的氛围，有着交代任务、奠定基调和进行造势的作用。

1. 过肩镜头

过肩镜头就是越过一个人物的肩膀来拍摄另一个人物，在对话场景中很常见，一般都是一对正反打镜头，可以用来交代人物之间的关系，如图5-10所示。

过肩镜头的拍摄距离，一般在中景到中特写之间，画面的视觉重点一般在另一个人物的正面上，可以让观众分清主次。

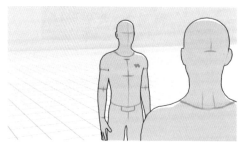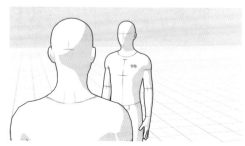

图 5-10　过肩镜头

2. 双重镜头

双重镜头是指镜头里的两个人物一远一近同时面向镜头。简而言之，双重镜头就是把过肩镜头的肩膀转过来，里面的观察者变成了被观察的对象。在过肩镜头里，观众的视线集中在人物上。但在双重镜头里，视线既在画面人物上，也在观众自己身上，如图5-11所示。

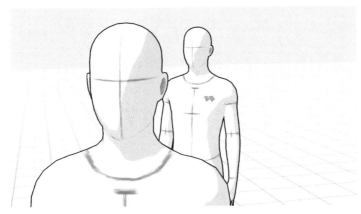

图 5-11 双重镜头

3. 双人镜头

双人镜头就是常规的单人镜头，只是人物变成了两个而已。但只能一次向观众展示一样东西，所以这不是两个单独的个体，而是一个双人组合，如图5-12所示。

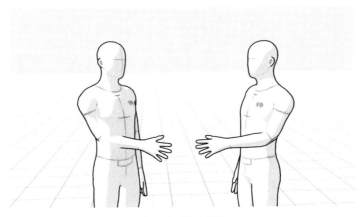

图 5-12 双人镜头

双人镜头的主题是一段关系，但可以有很多种拍摄方式，可以从远到近、从特写到全景、从正面到侧面再到背面拍摄，可以暗示人物之间关系的亲近或疏远。

4. 群景镜头

就像双人镜头不是拍两个主体一样，群景镜头拍摄的是一个组织或者队伍，展现的是群体之间的关系或状态，如图5-13所示。

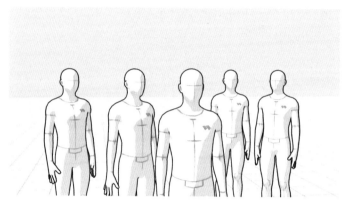

图 5-13　群景镜头

在拍摄群景镜头时，人物调度很重要，如何安排和移动角色？如何让观众一眼就看出群体之间的关系？这非常重要。

5. 群众镜头

群众镜头，顾名思义就是一群人的镜头，如图5-14所示，在一些大场面中，人群的数量甚至能达到成千上万。

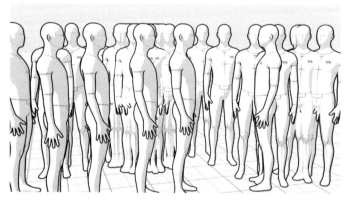

图 5-14　群众镜头

群众镜头可以用来传达一个群体的信息，所有人一般都在做同样的事情，比如古装剧里大臣们上朝；战争片中的军队出击；还有一个人面对一个群体演讲的剧情；也有两群人对抗的剧情，比如双方军队进行对抗。对于群众镜头，构图是非常重要的。

056　空镜头：以景物画面为主的镜头

空镜头是指没有人物的镜头，又称景物镜头，如图5-15所示。

图 5-15　空镜头

空镜头虽然不具有具体的叙事任务，但在提供视觉信息上有着重要的作用。空镜头可以用来展示视频中的空间环境和天气状况，表达视频的主题思想内容，抒发情感。此外，空镜头在转换时空和调节影片节奏方面有独特作用，也就是说空镜头可以用来做转场，过渡画面和剧情。

057　客观镜头和主观镜头：从不同视角拍摄

客观镜头是代表客观心理角度的镜头，也称中立镜头。客观镜头模拟了一个旁观者的视点，对镜头所展示的事情不参与、不判断、不 评论。

在纪录片、新闻报道等视频中就大量使用了客观镜头。客观镜头只记录事件的状况、发生的原因、造成的后果，不作任何主观评论，让观众去评判和思考。

当然，在一些影视和VLOG中，在使用镜头记录拍摄的时候，是无法做到完全客观的，因为创作者会带有一定的情感倾向。因此，我们一般在影视作品中所看到的客观镜头，本质上并不客观，只是看起来是一个第三者视角或者说上帝视角罢了。

总之，客观镜头的客观性，是相较于主观镜头而言的。

什么是主观镜头呢？主观镜头是一种主体的视点和视觉印象镜头。当角色扫视场面时，摄像机就会代表该角色的双眼，直接观察场景中的其他人和事。

主观镜头运用拟人化的视点运动方式，能让观众产生身临其境的感觉，从而调动观众的注意力，增强参与感。

在拍摄视频的时候，主客观镜头相结合的方式就是"三镜头法"。"三镜头法"又叫"好莱坞三镜头法"，是大卫·格里菲斯最先在电影中采用的拍摄方法，一直沿用至今，成为影视语言中最常用的叙事技巧和剪辑手段，就是人们平常说的正反打，下面将为大家进行图解说明。

先用一个镜头交代人物A、B与场景的空间关系，即客观镜头，如图5-16所示。

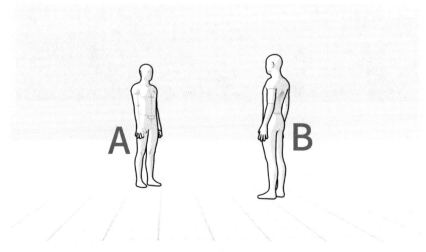

图 5-16　客观镜头

接着切到人物A的正打，即主观镜头，如图5-17所示。再接着切到人物B的反打，这里能看到人物A的肩膀，所以是半主观镜头，如图5-18所示。

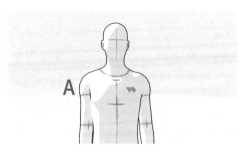

图 5-17　主观镜头

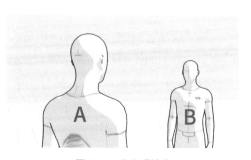

图 5-18　半主观镜头

其中第2个镜头和第3个镜头都是第1个镜头里场景中的一部分。而第2个镜头和第3个镜头本身又有重合，这就形成了时空一致的平衡观，这是符合好莱坞封闭空间观念中的连贯性的。

058　视点镜头：身临其境般的体验

扫码看教学视频

为了让观众对人物角色的世界进行深入了解，这样故事就能变得直接，也能让观众身临其境。如何用镜头表达角色的想法呢？其中有一个技巧叫"视点镜头"。

使用视点镜头可以将观众放置在与角色相同的位置上，让观众能够对角色更加感同身受。视点镜头不一定特指出现人物的眼睛，也可以是旁观者的视角。总之，摄影机拍摄到的，可以是特定人物，也可以是不存在的人物。切换镜头，实际上是切换不同的眼睛。

半主观镜头和主观视点镜头有点相像，不过半主观镜头带有角色本身作为前景，如图5-19所示。

图 5-19　半主观镜头带有角色本身作为前景

主观视点镜头就如同我们的眼睛，该看到什么就是什么，不过在编排上，需要有3个镜头进行连接。比如，第1个镜头拍摄人物看向前方的近景；第2个镜头拍摄前方的事物，表现人物所看到的内容；第3个镜头拍摄人物的反应。

在电影《惊魂记》里，有这样一场视点镜头：展现了女主开车的画面，还有从车内看向前方的内容，最后再到女主的反应，如图5-20所示，这3个镜头画面，可以展现女主由慌张转向镇定的心路历程。

图 5-20　视点镜头中的 3 个画面

对于创作者，如何安排人物的视点镜头、赋予视点镜头什么样的内容，也代表了创作者对人物或者事物的看法和态度。创作者可以安排单个机位的视点镜头，也可以安排多个机位的视点镜头。

比如，在电影《肖申克的救赎》里，安迪在进入监狱的时候，导演就安排了多个人物的视点镜头，从狱警、狱友到他本身，这些视点镜头对塑造人物、叙述情节和连接画面空间，起到了重要的作用。

059　开场镜头：吸引观众，展开故事

扫码看教学视频

电影可以说是艺术视频，短视频创作者如果要学习拍摄开场镜头，那么从电影中学习是最快速和简单的。一部电影能否在一瞬间抓住观众的眼球，和观众产生良好的"化学反应"，开场镜头具有重要的作用。

对于电影，开场镜头的制作必然是经过深思熟虑的。开场镜头可以是整个故事的开端，也可以是整个故事的结尾，在叙事和抒情上都能让故事进入到一个新的深度。下面介绍电影开场镜头的10种典型手法，创作者也可以模仿学习，从而用到短视频拍摄中来。

1. 首尾呼应

首尾呼应是最简单直接的开场手法，利用相似的画面、对话和动作来进行首尾呼应。比如，在克里斯托弗·诺兰导演的电影《盗梦空间》里，首尾都是主人公见到他儿子女儿的画面，有始有终，让观众可以不遗憾地离开电影院。

在科恩兄弟导演的电影《醉乡民谣》里，同样是以首尾呼应的方式来进行开场，开场镜头即是结尾镜头，结尾镜头即是开场镜头。

2. 镜头对准主角

这个手法非常常见，好处是能从第一视角拉近观众和画面的距离，让观众有代入感，并且在交代人物之后，有利于故事情节的展开。电影《阿甘正传》的开场镜头，如图5-21所示，就是让焦点慢慢聚焦于主角阿甘，然后倒叙展开情节的。

图 5-21　电影《阿甘正传》开场镜头画面

3. 镜头对准暗示物

暗示物，是指影响电影情节发生的线索物，具有关键作用。暗示物可以是景物，也可以是事物，引导观众进行思考，使他们对接下来的情节充满好奇心。这种手法在惊悚、悬疑片里比较常见。比如在克里斯托弗·诺兰导演的电影《记忆碎片》里，开场画面中主角手中的照片就是具有线索和暗示性质的，从而让观众带着疑问，慢慢了解后面的情节和内涵。

4. 定场镜头

定场镜头也是非常常见的开场镜头，可以交代故事发生的地点，一般定场镜头具有宽阔的远景，镜头感和画面感非常强，可以吸引观众的注意力，同时，定场镜头还可以交代故事发生的时代背景，为全片定基调。如电影《现代启示录》里，就是热带雨林的大远景镜头，让观众进入情境，如图5-22所示。

图 5-22　电影《现代启示录》开场镜头画面

5. 倒叙镜头

倒叙镜头与顺叙镜头相比，好处在于可以调动观众的思维，让观众不会轻易感到乏味。在电影《蝴蝶效应》里，就使用了倒叙镜头，男主被追捕的镜头，其实是故事中间的一段画面，因为画面节奏比较刺激，可以引起悬念，从而让观众进入情节。

6. 太空镜头

太空镜头是比较宏观的，在很多的太空题材电影里，比如电影《星球大战》《地心引力》里，就把开场镜头对准未知的太空，展现壮阔的宇宙，这样可以升华电影的主题，拔高视角。

7. 黑白镜头

黑白镜头相较于彩色镜头，可以营造画面的反差感，还可以塑造出复古感和历史感。在侯孝贤导演的电影《刺客聂隐娘》里就使用了这样的黑白镜头作为开场镜头，一方面可以展示主角的能力，另一方面可以展示人物内心的悲凉，在塑造人物形象和渲染氛围上具有重要的作用。

8. 静止镜头

静止镜头是摄像机固定不动拍摄的镜头，相较于运动镜头，静止镜头有许多局限性。对于生活题材的电影，静止镜头是非常不错的选择，其含有独有的纪录片质感，在描述平凡人物方面有奇效，可以化繁为简。比如电影《横道世之介》里的开场，就使用了很多的静止镜头，与电影简单质朴的风格刚好相得益彰。

9. 长镜头

长镜头也叫"一镜到底"，是非常经典的开场镜头处理方式。相较于蒙太奇剪辑，长镜头可以让场景片段更有真实感，还原感、现场感会更强一些。在连贯的感官中，观众可以代入角色，体会人物的心路历程，走进人物的内心世界。比如导演罗伯特·奥特曼的《大玩家》，如图5-23所示，其开场镜头通过拍摄电影公司周围的环境，向观众介绍了故事人物和环境，以及简要的故事情节。

图 5-23　电影《大玩家》开场镜头画面

10. 黑屏

黑屏画面是导演斯坦利·库布里克的电影《2001太空漫游》中的开场画面，对于这种开场镜头，有人说是时代的产物，有人说是导演故意为之，不过这段黑屏刚好与电影主题联系在一起。黑屏开场用得不多，但是对于普通的视频，没有特殊要求的话，非必要不使用。

第 6 章　分镜的逻辑感，把控叙事节奏

　　拍视频和写作文一样，都要讲究叙事的逻辑，分镜头和镜头组就如同作文里的句子、段落一般。如何让作文通顺且有逻辑感呢？叙事结构是非常重要的，手法也是非常重要的，就如同比喻、排比等修辞手法，掌握好叙事的技巧和手法，可以让视频故事更有节奏感、画面更生动。

6.1　4 种镜头语言术语，必备知识

如今，短视频已经形成了一条完整的商业产业链，越来越多的企业、机构开始用短视频来进行宣传推广。要写出优质的短视频脚本，创作者还需要掌握短视频的镜头语言，使视频制作更具专业性与高级感，这些也是短视频行业中的高级玩家和专业玩家必须掌握的常识。本节就来为大家介绍镜头语言术语的相关内容。

060　蒙太奇手法

扫码看教学视频

蒙太奇取自建筑术语，表示构成、装配之义，移植到艺术领域，表示镜头之间的拼接、组合。它是电影创作中常用的创作手法，可以在剪辑中拼接镜头，也可以作为一种思维方法来指导电影的叙事。

蒙太奇手法主要分为叙事蒙太奇和表现蒙太奇两种类型。其中，叙事蒙太奇是视频创作中最常用的蒙太奇结构形式，可以推动故事情节的发展，助力凸显短视频叙事的主旨。叙事蒙太奇有以下几种技巧，如图6-1所示。

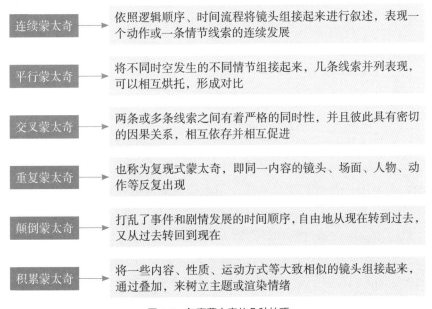

图 6-1　叙事蒙太奇的几种技巧

表现蒙太奇以镜头对列为基础，通过相连或相叠的镜头在形式或内容上相互对照、冲击，因此产生一种单个镜头本身所不具有的更丰富的意义，来表达某种

情感、情绪、心理或思想。它的作用在于激发观众的想象力，让观众进行思考，进行抒情表意，揭示视频主题和一些隐喻含义。

表现蒙太奇常见的技巧有抒情蒙太奇、心理蒙太奇、隐喻蒙太奇和对比蒙太奇，如图6-2所示。

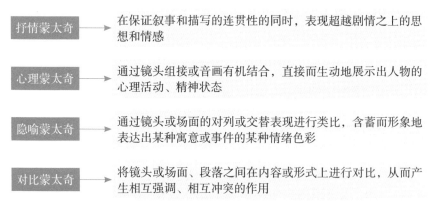

抒情蒙太奇 ⟶ 在保证叙事和描写的连贯性的同时，表现超越剧情之上的思想和情感

心理蒙太奇 ⟶ 通过镜头组接或音画有机结合，直接而生动地展示出人物的心理活动、精神状态

隐喻蒙太奇 ⟶ 通过镜头或场面的对列或交替表现进行类比，含蓄而形象地表达出某种寓意或事件的某种情绪色彩

对比蒙太奇 ⟶ 将镜头或场面、段落之间在内容或形式上进行对比，从而产生相互强调、相互冲突的作用

图 6-2 表现蒙太奇的几种技巧

061 多机位拍摄

扫码看教学视频

多机位拍摄是指使用多个拍摄设备，从不同的角度和方位拍摄同一场景，适合规模宏大或者角色较多的拍摄场景，如访谈类、杂志类、演示类、谈话类及综艺类等短视频类型。图6-3所示为一种谈话类视频的多机位设置图。

从图中可以看出，该谈话类视频共安排了7台拍摄设备：1、2、3号机用于拍摄主体人物，其中1号机（带有提词器设备）重点用于拍摄主持人；4号机安排在后排观众的背面，用于拍全景、中景或中近景；5号机和6号机安排在嘉宾的背面，需要用摇臂将其架高一些，用于拍摄观众的反应；7号机则专门用于拍观众。

多机位拍摄可以通过各种景别镜头的切换，让视频画面更加生动、更有看点。另外，如果某个机位的画面有失误或瑕疵，也可以用其他机位的画面来弥补。通过不同的机位来回切换镜头，可以让观众不容易产生视觉疲劳，并保持更久的关注度。

如果只有一台设备，如何拍摄出多机位的效果呢？这就需要视频中的演员进行重复表演，然后切换机位再进行拍摄，后期剪辑拼接，从而达到多机位拍摄的效果。

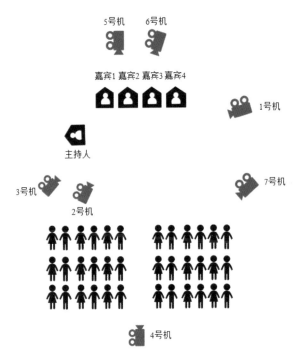

图 6-3　一种谈话类视频的多机位设置图

062　起幅与落幅

扫码看教学视频

起幅与落幅是拍摄运动镜头非常重要的两个术语，在后期制作中可以发挥很大的作用，相关介绍如下。

（1）起幅：即运动镜头的起始固定画面，不仅要求构图平稳、自然、有美感，而且还要固定一段时间（至少需要3秒），之后才能开始进行运镜，而且转场时的画面也要自然流畅。

（2）落幅：即运动镜头的结束固定画面，不仅讲究精确的构图，同时还要在最后拍摄的对象上停留若干时间，通常采用"动接动"的衔接方法来进行过渡，实现运动镜头与固定画面之间的无缝连接。

起幅与落幅的固定画面可以用来强调短视频中要重点表达的对象或主题，而且还可以单独作为固定镜头使用。

063　镜头节奏

扫码看教学视频

节奏受镜头的长度、场景的变换和镜头中的影像活动等因素的影响。通常情况下，镜头节奏越快，则视频的剪辑率越高、镜头越短。

剪辑率是指单位时间内镜头个数的多少，由镜头的长短来决定。

比如，长镜头就是一种典型的慢节奏镜头形式，而延时摄影则是一种典型的快节奏镜头形式。

延时摄影（Time-Lapse Photography）也称为延时技术、缩时摄影或缩时录影，是一种压缩时间的拍摄手法，它能够将大量的时间进行压缩，将几个小时、几天甚至几个月的变化过程，通过极短的时间展现出来，如几秒或几分钟，因此镜头节奏非常快，能够给观众呈现出一种强烈与震撼的视频效果，比如用十几秒钟展示日转夜的画面，如图6-4所示。

图 6-4　采用延时摄影拍摄的短视频画面

6.2　2 个分镜头的设计结构，让内容更有层次感

如何让故事有逻辑，分镜头画面更有层次感呢？结构是不可少的。结构搭建得好，那么故事就能被充分讲述。目前，短视频采用线性叙事是最常见的，而最常见的线性叙事结构就是三段式和两段式。本节将介绍相应的内容。

064　三段式结构

扫码看教学视频

什么叫三段式？三段式就是将故事分为开端、中段和结尾三部分，也就是起承转合，这也是情节发展的一般规律，就跟写作文一样，把故事的来龙去脉讲述清楚。下面介绍一些三段式结构，如图6-5所示。

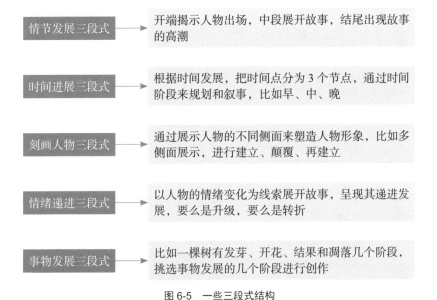

图 6-5　一些三段式结构

除了上述几个三段式，在大三段式里也有小三段式。比如，在开端中有开端、中段和结尾；在中段中有开端、中段和结尾；在结尾中有开端、中段和结尾。

065　两段式结构

扫码看教学视频

除了三段式结构，两段式结构也是叙事表达和设计分镜头的一种常用形式。基本形式主要是通过前后、上下段落之间形成呼应、对比或者碰撞构成叙事。下面介绍一些两段式结构，如图6-6所示。

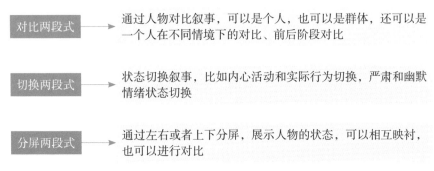

图 6-6　一些两段式结构

故事的结构不关乎视频的长短，只要在设计分镜头的时候，带着结构意识设计情节，那么故事整体一定是能够被讲述清楚的，后期剪辑起来也是有根据可以参考的。

★ 专家提醒 ★

对于短视频分镜头脚本创作，黄金前三秒、叙述视角和叙事结构都是非常重要的。视频创作者想要提升能力，不仅需要多写、多练、多拍，还需要多看，从电影或者其他优秀的短视频中汲取养分，提升自我。

6.3　3 种分镜头设计方法，让视频画面有逻辑感

在介绍完镜头语言和分镜头的设计结构之后，接下来将介绍分镜头的设计方法，这样在制作分镜头脚本和拍摄视频的时候，可以让视频画面更有层次感、逻辑感。

066　动作拆分法

扫码看教学视频

动作拆分法是指把人物的行为拆分为多个动作，在拍摄的时候，不是用一镜到底的方式拍摄，而是拍摄关键动作，来完成整个过程。

举个例子，如何使用动作拆分法拍摄两个人初次会面的短视频场景呢？

首先，拍摄A人物伸手，然后拍摄B人物伸手，再拍摄两个人物握手的场景，如图6-7所示。总共3个动作，就可以演示完一段会面情节，至于其他的不重要的动作，就可以暂时省略，只展示关键性的动作。

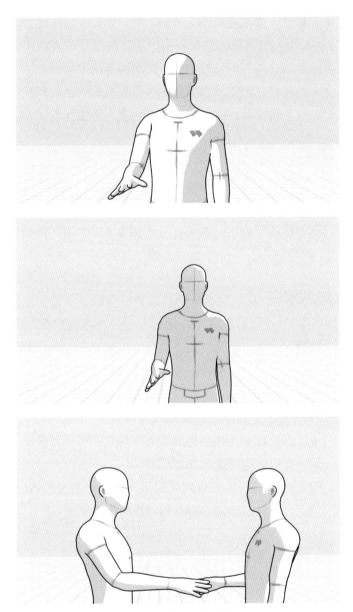

图 6-7　使用动作拆分法拍摄两个人初次会面的场景

在后期剪辑中，也可以通过动作匹配法，快速拼接镜头。所以，在前期写脚本和拍摄的过程中，多使用动作拆分法，不仅可以让画面快速展示关键信息，还能提升后期剪辑的效率。

再举个例子，假设拍摄一个人炒菜的短视频，如何使用动作拆分法安排情节呢？首先，我们可以先把炒菜的关键动作提炼出来，炒菜需要先洗菜，然后切菜、倒油、倒菜、翻炒、炒熟之后倒入碗中。把动作提取出来之后，就可以安排6个分镜头，分别拍摄人物洗菜的特写镜头、切菜的全景或者特写镜头、倒油的特写镜头、倒菜的特写镜头、翻炒的中景镜头和倒菜的中景镜头。

在设计分镜头的时候，使用动作拆分法可以形成动势上的匹配，让前后画面衔接流畅。所以，对于初学者，这是非常简单的设计方法。

067 景别拆分法

扫码看教学视频

第5章介绍了景别的含义和类别，对于短视频拍摄，想要使视频画面更有层次感，可以在分镜头中设置不同的景别，这样也可以调动观众的情绪，传递创作者要表达的含义。下面就为大家介绍几种常见的景别拆分技巧。

1. 逐步式组接

景别基本有5种类型，从大到小分别是远景、全景、中景、近景和特写。逐步式组接即利用不同的景别串联故事。由远及近排列就是远景——全景——中景——近景——特写，这种也叫作"前进式"，逐渐突出主体。由近及远排列则是特写——近景——中景——全景——远景，这种叫作"后退式"，主要用来营造氛围。

当然，在拍摄的时候，并不是要特地按照上述方式进行排列，根据需要，还可以省略一两个景别，比如直接拍摄远景——近景——特写画面，或者拍摄特写——中景——远景画面，这样也是在逐步展示。

举个例子，比如用"前进式"景别来拍摄人物行走的视频画面，如图6-8所示，分别展示的是人物走路的全景、中景和脚步的近景画面。

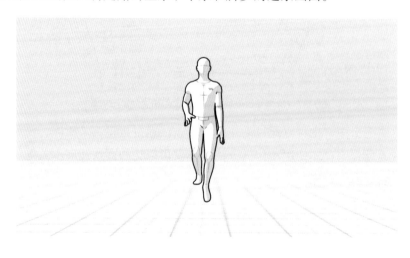

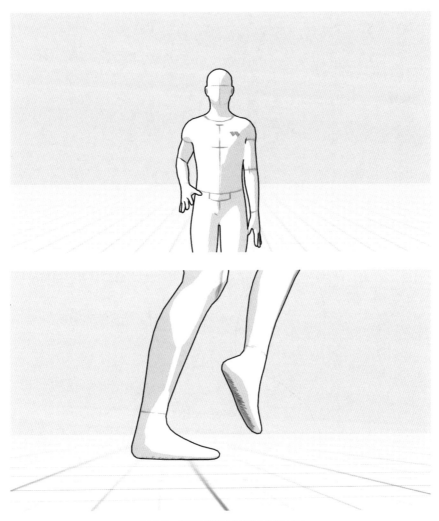

图 6-8　多景别拍摄人物行走的画面

2. 跳跃式组接

跳跃式组接是指景别之间跳接特别大，比如用远景直接跳接到近景或者特写。如果创作者特意这样做，那就可以用此来表达特定的心理或者情绪描写。

比如在人物即将回头的时候，画面从远景忽然递进到特写，如图6-9所示，这时观众的注意力就会从环境转移到人物的表情上，从而接收到人物的情绪，产生相应的心理预期，并快速集中注意力。这种方式可以让观众猝不及防，并能够进行突出强调，但不能多用和乱用，不然画面就会失去节奏。

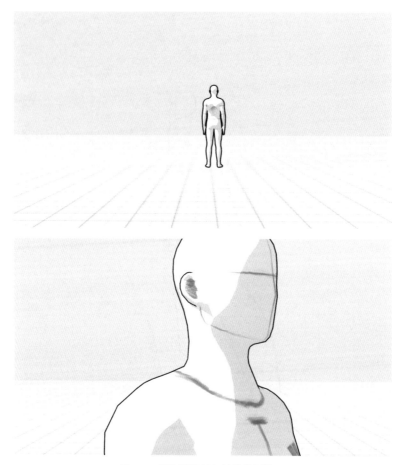

图 6-9　画面从远景忽然递进到特写

　　根据景别拍摄和拼接分镜头画面，可以让观众很自然地对整体情节进行脑补，让其有代入感。同时，景别的变化受多方面因素的影响，很难在创作上有统一的划分或有规律可循。因此，以上的景别拆分和排列方式仅供参考，创作者可以根据实际需要设计分镜头画面。

068　逻辑衔接法

　　在设计分镜头的时候，为了让叙事更有逻辑，除了使用动作和景别进行引导和排列，还可以使用逻辑衔接法排列。

　　这里的逻辑是指人物行为和心理的逻辑，根据人物设定和情节需要，安排画面内容。比如，在人物抬头望天的时候，如果单纯安排一个人物抬头的画面，那么画面就会没有下文；如果在人物望天之后，下一个画面衔接的是人物做饭的镜头，而望天这个动作和做饭之间却又没有逻辑，场景也不统一。

　　如何让这两个画面更有逻辑感，且前后衔接流畅不突兀呢？答案就是拍摄一个仰拍角度的天空镜头，穿插其中，这样既有下文，之后衔接做饭镜头时，也不会突兀。

　　比如，在拍摄人物伸手摸花的时候，这时可以接一个人物手指摸花的镜头，画面就更连贯和有逻辑感，如图6-10所示。

图 6-10　两个画面进行组接

　　总之，按照人物正常的动作逻辑，创作者可以通过空镜头来完成视觉引导。除此之外，声音也可以用来引导，在切换场景的时候，通过声音提前或者滞后，达到画面之间的流畅过渡。

第 7 章　分镜的流畅感，组接多个镜头

　　镜头组接就是把单个的镜头或镜头组依据一定的规律和目的组接在一起，形成具有一定含义和内容的视频。组接分镜头的目的是系统、完整地叙事和表达思想，不是简单地拼凑，而是一种再创作。正确组接各个分镜头，可以让画面更流畅、叙事更清晰。

7.1　2 种组接形式，理清概念

在组接短视频的分镜头时，需要明确目的，进行再创作。在组接分镜头过程中，单个镜头的时空局限将会被打破，画面意义得以扩展和延伸。分镜头的组接形式分为衔接和转接两大类，本节将进行相应的介绍。

069　衔接

扫码看教学视频

衔接是各种组接操作的总称，它指的是短视频中单个镜头间的连接。衔接的关键是选好剪接点或连接点，做到分镜头之间连接流畅，在视觉上不出现明显的跳跃。

下面介绍一些衔接单个分镜头的小技巧，如图7-1所示。

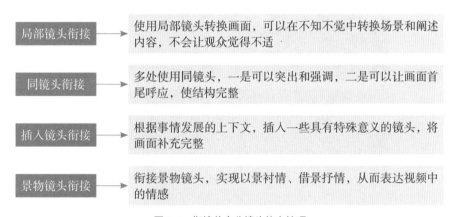

局部镜头衔接	使用局部镜头转换画面，可以在不知不觉中转换场景和阐述内容，不会让观众觉得不适
同镜头衔接	多处使用同镜头，一是可以突出和强调，二是可以让画面首尾呼应，使结构完整
插入镜头衔接	根据事情发展的上下文，插入一些具有特殊意义的镜头，将画面补充完整
景物镜头衔接	衔接景物镜头，实现以景衬情、借景抒情，从而表达视频中的情感

图 7-1　衔接单个分镜头的小技巧

070　转接

扫码看教学视频

转接是镜头衔接的一种特殊形式，它是指场景与场景间的镜头转换。为了进行时空转换，创造镜头之间新的时空关系和逻辑关系，制造特定的效果。转场的手段是转接的关键，最好做到短视频中前后场景或上下段落间过渡合理、自然。

举个例子，假设有一场穿越的视频情节，涉及现代场景和古代场景，在现代场景中拍摄的各个分镜头，我们可以用镜头衔接的方式组接画面，当涉及整体画面的时候，如何让现代场景和古代场景转接得更流畅、自然呢？这时就要掌握相应的技巧，制作相应的巧合。

比如可以借用线索物转接场景，使用一幅画、一件衣服或者一场事故，设计相应的分镜头进行转接，这样画面切换就会变得更自然，也不会让观众觉得莫名其妙。

如果没有特定的线索用来转接分镜头画面，也可以使用运动镜头和遮罩转换画面。图7-2所示即为使用拍摄手法制作的转接镜头视频效果，利用人物手掌遮挡和运动镜头，在前推和后拉运镜中转换场景，让场景画面切换得更加流畅和自然。

图 7-2　使用拍摄手法制作的转接镜头效果

这种转接手法在短视频平台中也很常见。在一些旅游博主分享的旅行视频中，他们拍摄的同一个动作会出现在多个场景的分镜头中，将它们拼接在一起，可以实现转场切换的效果。

当然，为了让画面更有节奏感，也可以使用相应的卡点音乐贴合画面，使其节奏感更强烈。衔接和转接都是镜头组接的形式，它们的原则和技巧都是通用的。

7.2　5 个组接原则，使情节更加自然顺畅

虽然镜头组接是一种主观的再创作，是创作者的创作思维、意图在操作中的体现，但是大家在选择镜头组接方式时，也不能随心所欲，必须遵循一定的规律和原则。本节将为大家介绍5个组接原则，帮助大家让情节发展变得更加自然和流畅。

071　镜头组接符合逻辑性要求

假设有3个镜头，画面分别是一个人吃饭、一个人洗碗、一个人炒菜，按照正常的逻辑，镜头组接方式应该是先一个人炒菜，再一个人吃饭，最后一个人洗碗。但是如果在组接的时候，打乱顺序，那么视频画面就会变得混乱且无逻辑，让观众摸不着头脑。所以，镜头组接需要符合逻辑性要求。

扫码看教学视频

在组接镜头的时候，画面需要符合事物发展的逻辑和观众的心理观察逻辑，下面将介绍相应的内容。

1. 符合人类思维逻辑和视觉原理

在组接镜头的时候，画面要符合时间与空间的逻辑，这样在重新组合后视频画面也能被观众理解，下面介绍一些基本的逻辑。

（1）因果关系逻辑。这是最简单的逻辑，当观众看到一个动作或者一个现象，就会很自然地联想到下文。事件发生都是有因有果的，比如拍摄一个人吃橘子的画面，那么接下来应该拍摄人物的反应镜头，作为补充。

没有因果的镜头，会让情节发展变得无头无尾，让观众抓不住重点。比如在拍摄散步的视频中，忽然穿插一个小狗镜头，然后又没有前因和后果，整个故事就会变得莫名其妙。

如何让画面有因果关系呢？可以使用逻辑衔接法，对画面进行补充。比如，

在人物于江边向远处眺望的画面之后，紧接着组接一个空镜头，比如江上的货船，如图7-3所示，这样画面就会变得有因有果。

图7-3　组接一个空镜头

（2）并列关系逻辑。并列逻辑是指两件事情或者几件事情在同一时间发生，或者在同一时间内，某件事情发生会产生各种影响，这些都是很常见的。举个例子，在制作观察蚂蚁的视频中，为了进行集中描述，把两只不同的蚂蚁搬运食物的画面组接在一起。比如展示大雪之后的风光，下雪后的城市风光和农村风光都是并列的，可以一同展示，进行组接。这些都是符合并列关系逻辑的。

（3）对应关系逻辑。在生活中，一个动作或事件发生，往往会引起某种反应。比如，在赛场上，运动员之间的竞技和观众之间的互动就是对应关系。根据对应关系，选择合适的镜头组接，可以表达多种效果。比如，有一个篮球运动员投篮失败的镜头画面，如果后面组接的是观众期许的镜头，那么可能代表比赛还会有反转，运动员也可能是一个正面的形象。但是如果后面组接的是观众泄气甚至离场的镜头，则代表这场比赛这个运动员可能已经失败了，运动员暂时就是一个负面的形象。

（4）对比关系逻辑。生活中充满了矛盾和冲突，这本身就是生活的逻辑。比如喜和悲、强大和弱小、正义与邪恶，都处于对比关系。在电影《祝福》的结尾部分，雪夜来临，祥林嫂孤苦无依地走在大街上，而鲁四老爷家开始祭祖，点灯放炮辞旧迎新，两个场景画面组接在一起，通过祥林嫂路过鲁四老爷家门口，两个镜头画面又开始相交了，从而形成鲜明的对比，如图7-4所示。

图 7-4　两个场景画面组接在一起进行对比

在组接镜头时，创作者要充分考虑各个镜头所展示的内容之间在外部特征上的相关之处，以及内部逻辑上的相通之处，如果只是胡乱拼凑，那么就会有悖常理，不符合人们的思维逻辑，无法让观众形成特定的联想，其结果只会使观众不知所云。

2.观众的心理观察

观众在长期观看视频的过程中，会养成相应的逻辑，有些观众甚至还能准确地猜测出一些尚未发生的故事情节。下面介绍一些观众的观察逻辑，帮助创作者更好地组接镜头，如图7-5所示。

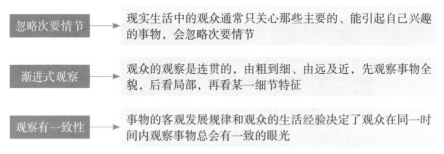

图 7-5　观察逻辑

创作者拍摄短视频是为了让观众观看，在组接镜头的时候，要带着观众的逻辑思维进行创作，这样才能拍摄出观众喜闻乐见的文艺作品。

由于拍摄技术在发展，观众的审美水平也越来越高了，创作者最好要学习新的理论知识，不断进行创新，这样作品才能不落后于时代。

072　遵循镜头调度的轴线规律

扫码看教学视频

轴线是指被摄主体的朝向、运动方向、运动轨迹和两个以上静态主体每两者之间联系构成的一条假想的线，如图7-6所示。

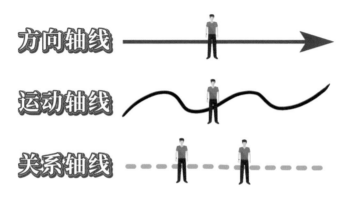

图 7-6　3 种轴线

在同一场景中拍摄相连的镜头时，为保证被摄对象在空间中的正确位置和方向的统一，摄影角度的处理要遵守轴线规则。即在轴线的一侧范围内设置摄影机镜头。

这个规定是构成画面空间统一感的基本条件，如果不遵守规则，就会在画面上造成方向的混乱。所以，在组接分镜头时，也要讲究这一规定。下面介绍相应的轴线规则。

1. 方向轴线

方向轴线是单个或者静止主体到其相对平面的垂直线直视时的视线，机位设置在轴线同一侧180º以内、20º以外，如图7-7所示。

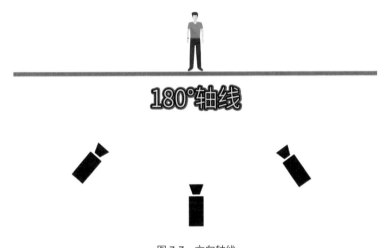

图 7-7　方向轴线

在单人场景中，轴线的使用多以方向轴线为主，双人场景中轴线的使用通常都是关系轴线。如果在拍摄和剪辑过程中违背轴线规律，就会带来画面叙述中方向性和空间关系的混乱，也称之为"跳轴"或"越轴"。

2. 运动轴线

运动轴线也叫作动作轴线，运动轴线是使人物行为符合逻辑、画面构图合理的保证。在一场戏的镜头调度中，摄像机位置的变动范围、相邻镜头的拍摄角度，都受轴线的制约，如果拍摄的时候"跳轴"，将给后期剪辑工作造成困难。

在方向性较强的人物或物体的拍摄中，往往存在一条假想的轴线，要在假想轴线的一侧，即180º 以内设置机位，以保证正确处理人或物体在画面中的方向。在拍摄运动中的车子时，车子是运动的，轴线是不变的，所以就算车子在运动，也要始终保持摄像机在轴线的一侧，如图7-8所示。

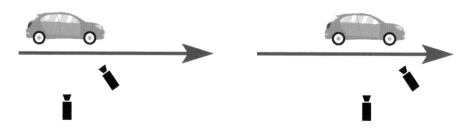

图 7-8　运动轴线

运动轴线可以是直线，也可以是曲线，不过都需要拍摄的机位、方向保持在轴线的同一侧。

3.关系轴线

关系轴线也叫对话轴线，是每两个主体之间的连接线，同样也是在轴线一侧180°内设置机位，如图7-9所示。

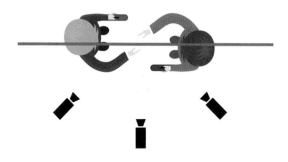

图 7-9　关系轴线

要注意的是，在同一场戏当中，关系轴线一旦形成，并且两个被摄主体的位置没有发生改变，那么轴线也将一直存在，不会随镜头的切换发生改变。例如一个双人对话场景，即使镜头切换成单人镜头，轴线原则同样生效，而不能随意跨过轴线。

如果拍摄3个人对话，那么可以在两个轴线的夹角取镜头，或者分别用3台摄像机拍摄3个主体，还需要用全景给予观众应有的提示，最好避免屏幕上出现过多的主体，因为这具有一定的挑战性。

如果在组接镜头时必须"越轴"，那么如何处理呢？下面介绍一些拍摄或者后期处理技巧，如图7-10所示。

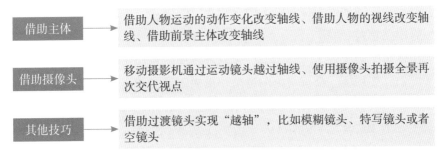

图 7-10 越轴技巧

073 景别的过渡要自然合理

如何让短视频中的景别过渡自然呢？前后镜头之间的景别组接需要讲究一定的规则，下面介绍一些技巧，如图7-11所示。

扫码看教学视频

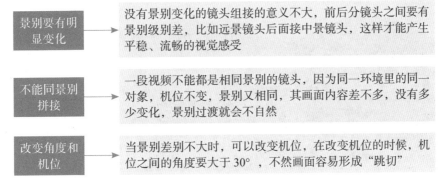

图 7-11 景别过渡自然的技巧

074 动静镜头之间的组接

动镜头，一种是指画面内主体运动的镜头，另一种是指镜头的运动，即运动镜头。静镜头，一种是指画面内主体是静止的镜头，另一种是指镜头是固定的，即固定镜头。

扫码看教学视频

运动镜头是指在拍摄连续的画面时，通过移动机位、转动镜头光轴或变焦进行拍摄的画面。

固定镜头是指摄像机在机位不动、镜头光轴不变、镜头焦距固定的情况下所拍摄的画面。固定镜头是一种静态造型方式，它的核心就是画面所依附的框架不动，但是它又不完全等同于美术作品和摄影照片。画面中人物可以任意移动，进行入画和出画，同一画面中的光影也可以发生变化。

动静镜头之间如何组接呢？下面介绍相应的内容。

1. 静镜头接静镜头

在组接一组固定镜头时，需要尽量找到画面因素外在的相似性。画面因素包括许多方面，如环境、被摄对象的造型、被摄对象的动作、结构、色调、影调、景别、视角等。相似性的范围是十分广阔的，相似点要由创作者在具体编辑过程中确定。比如，可以把故宫美景的固定镜头按照春、夏、秋、冬的顺序组接，也可以把游客买票、乘船、观光、拍照和购物的固定镜头按顺序组接在一起，如图7-12所示。

图 7-12　静镜头接静镜头

在组接画面内静止物体的固定镜头时，需要保证每个分镜头的时间长度一致。时间长度一致的固定镜头连续组接，能让固定画面变得具有动感和跳跃感，可以产生明显的节奏和韵律感。如果镜头的时间长度不一致，有长有短，那么观众看了以后就会感到十分杂乱，从而影响视频效果。

在组接画面内主体运动的固定镜头时，最好先挑选、再组接，尽量选择精彩的瞬间，并保证过程的完整性。比如一组介绍舞蹈的镜头，有拉丁舞者的扭动、芭蕾舞蹈者的转圈、爵士舞者的热舞、民族舞者挥动水袖、古典舞者的起跳，把这5个固定镜头组接起来。因为选择了精彩的动作瞬间，观众会感受到画面中很强的节奏感，这些镜头的长度也可以不一致。

2.动镜头接动镜头

静镜头与静镜头的组接需要讲究相应的原则，动镜头与动镜头的组接也需要讲究一定的技巧，下面介绍相应的内容。

（1）被摄对象不同、摄像机运动形式不同的镜头组接，应去掉连接镜头的起幅和落幅画面。

被摄对象不同是指若干个镜头所拍摄的内容不同；摄像机运动形式不同是指推、拉、横、摇、跟等不同的镜头运动方式。例如，某公司周年庆典的一组镜头，镜头画面内容如下。

- 摇镜头：公司大门。
- 推镜头：领导进场。
- 摇镜头：剪彩仪式。
- 拉镜头：集体放手持彩花炮。

在组接运动镜头时，最好在运动中切换，只保留第一个摇镜头的起幅和最后一个镜头的落幅，而4个镜头相接处的起幅和落幅都要删除。此外，尽量选择运动速度较相近的镜头相互衔接，这样可以保持运动幅度和节奏的和谐一致，让整段视频画面自然流畅。

（2）被摄对象不同，摄像机运动形式相同的镜头组接，应该根据情形来决定镜头相接处起幅和落幅的取舍。

第一，被摄对象不同，摄像机运动形式相同、运动方向一致的镜头相连，应除去镜头相接处的起幅和落幅。比如，在介绍公园环境时，使用后拉镜头组接，除去每个镜头的起幅和落幅，让观众从局部看到全局，从部分看到整体，如图7-13所示。

图 7-13　使用后拉镜头组接

　　第二，被摄对象不同，摄像机运动形式相同但运动方向不同的镜头相连，一般应保留相接处的起幅和落幅。例如下面的镜头。

　　·左摇镜头：汽车展览。

　　·右摇镜头：嘉宾观看。

　　这两个镜头都是摇镜头，前一个是左摇，后一个是右摇。在组接时，两镜头衔接处的起幅和落幅都要做短暂停留，让观众有一个适应的过程。

　　如果把衔接处的起幅和落幅去掉，形成了动接动的效果，那么观众的视线便会随着镜头晃动，会感觉不舒服。如果被摄对象没有变化，左摇和右摇这两个方向不同的镜头是不能组接在一起的，推和拉镜头也一样。

　　3.固定镜头和运动镜头组接

　　固定镜头和运动镜头组接也有几种情况，创作者需要根据实际情况做出调整，下面介绍相应的内容。

（1）在组接固定镜头与运动镜头时，如果前后镜头中的被摄对象具有一定的呼应关系，那么应该根据情况，来决定镜头相接处起、落幅的取舍情况。例如，有下面一组镜头。

· 跟镜头：篮球运动员运球、投篮成功。

· 固定镜头：观众欢呼。

在组接这两个镜头时，跟镜头不需要保留落幅，应该直接切换到固定镜头。

再举个例子，有下面一组镜头。

· 固定镜头：女孩坐在火车上眺望远方。

· 移镜头：雪景风光。

在组接这两个镜头时，不需要保留移镜头的起幅，如图7-14所示。

图 7-14　组接固定镜头和运动镜头

通过上述两个实例可以发现，在表现呼应关系时，相互衔接的两个镜头中，运动镜头如果是跟或者移镜头，那么固定镜头与运动镜头相接处的起幅和落幅会被去掉。

如果组接两个镜头，所拍摄的运动镜头是推、拉、摇、跟等运动形式时，那么固定镜头与运动镜头的起幅和落幅就要留着。

比如，用一个固定镜头拍草原全景，后面接一只兔子蹦蹦跳跳的跟镜头，如图7-15所示。连接这两个镜头时，应短暂保留跟镜头的起幅。

图 7-15　组接固定全景镜头和跟镜头

（2）如果前后两个镜头不具备呼应关系，那么在组接固定镜头与运动镜头时，镜头相接处的起幅和落幅都要暂时保留。

为了让画面中同一被摄对象或不同被摄对象的动作是连贯的，可以用动作镜头组接动作镜头，让画面连贯，简称为"动接动"。

如果两个画面中被摄对象的动作是不连贯的，或者它们中间有停顿，那么在组接这两个镜头时，必须在前一个画面对象做完一个完整动作停下来后，再组接上一个从静止到开始的运动镜头，也叫"静接静"。

在组接静镜头与静镜头时，前一个镜头结尾停止的片刻叫作"落幅"，后一镜头运动前静止的片刻叫作"起幅"，起幅与落幅之间的时间间隔大约为一两秒钟。

运动镜头和固定镜头组接，同样需要遵循这个规律。如果一个固定镜头要接一个摇镜头，则摇镜头要保留起幅画面；相反，如果一个摇镜头接一个固定镜头，那么摇镜头就要保留落幅画面，否则画面就会很跳。当然，为了制作特殊效果，也会让静镜头接动镜头或动镜头接静镜头。

★ 专家提醒 ★

"动接动"："动"指的是画面内被摄对象的运动。运动的对象接运动的对象，就能打造流畅的效果，但运动的速度和方向不能差别太大。

"静接静"："静"指的是画面中被摄对象的静和画面本身是固定的镜头，静止的对象接静止的对象，即两个静态构图画面的组接。

075　光线、色调的过渡要自然

扫码看教学视频

依靠镜头画面内容本身的关联性、逻辑性组接画面的形式，又称画面的切换，特点是自然连贯、节奏鲜明，所以不需要利用后期技术进行处理。

此外，相邻镜头的光线与色调不能相差太大，否则也会让整体画面变得不自然，组接不匹配的画面，会使人感到不连贯、不流畅。比如黑白色调和彩色调的海景镜头互相组接，画面就会变得很奇怪，如图7-16所示。

创作者还可利用影调、色彩、光线的造型作用组接画面，运用镜头本身的技术条件使画面衔接生动且富有艺术性的变化。

影调是相对黑的画面而言的，黑的画面上的景物，不论原来是什么颜色，都是由许多深浅不同的黑白层次组成软硬不同的影调来表现的。

图 7-16　黑白色调和彩色调的海景镜头组接

　　对彩色画面来说，还要注意色彩问题，无论黑白还是彩色画面组接，都应该保持影调色彩的一致性。

　　如果把顺光和逆光的两个镜头组接在一起，就会使人感到生硬和不连贯，影响画面内容的流畅表达，如图7-17所示。

　　这些组接的原则是一般性原则，创作者在实际运用中要视内容需要灵活运用，不可生搬硬套。因为根据情节和画面的需要，创作者还可以打破相应的规则，从而传递出自己相应的想法。

图 7-17 把顺光和逆光的两个镜头组接在一起

创作者在进行创意组接镜头的时候，可以不按照规则出牌，不过前提是不能让观众觉得不适。

7.3 2个基本技巧，组接镜头

一段完整的视频是由一系列分镜头、镜头组和段落组成的。划分段落时，可以通过在镜头组接上使用一些技巧，能够使观众感到段落的存在，帮助大家领会画面内容，镜头画面组接除了采用光学原理，还可以通过衔接规律使镜头之间直接切换，使情节更加自然顺畅。

　　组接镜头分为有技巧组接和无技巧组接两大类，下面为大家介绍相应的内容。

076　有技巧组接

扫码看教学视频

　　有技巧组接是指在剪映、Premiere这类视频剪辑软件中利用转换或叠加等手段产生特殊的画面效果，来完成镜头间的组接，又称特技组接。

　　常用的是淡变、叠化、划变、圈变、定格、翻转等。图7-18所示为使用叠化转场组接两个镜头的画面效果。

图 7-18　使用叠化转场组接两个镜头

077　无技巧组接

扫码看教学视频

　　镜头与镜头间的直接切换称为无技巧组接。这是一种基本的组接方法，用于镜头、场景的转换，它要求从内容的内在联系中，找出镜头之间的逻辑性、相似性和隐喻性，进行恰当的组接和巧妙的转场。

1.两极镜头组接

　　前一个镜头的景别与后一个镜头的景别恰恰是两个极端。例如：前一个镜头是远景或者全景镜头，后一个镜头是特写镜头，如图7-19所示。这种方法能使情节的发展在动中转静或者在静中变动，给观众的直观性极强，节奏上形成突如其来的变化，可以产生特殊的视觉和心理效果。

图 7-19　两极镜头组接

2.空镜头组接

空镜头转场是指利用新场景的空镜头作为新场景的第一个镜头，先把人带入环境中，再介绍在环境中发生的事情。图7-20所示就是在两个场景镜头之间插入了一个景物镜头。

图 7-20　空镜头组接

3. 相似体组接

利用造型相似的主体进行场景的转换，例如飞机和海豚、汽车和甲壳虫。
图7-21所示就是使用相同的构图样式和翅膀元素组接镜头的。

图 7-21　相似体组接

4.同一主体组接

前后两个场景用同一物体来衔接，使上、下镜头之间有一种承接关系。图7-22所示即组接了同一个人物在不同场景中的背面镜头。

图 7-22　同一主体组接

5.模糊镜头组接

利用模糊的镜头组接画面，可以使其作为下一篇章的开头画面。这需要创作者特意拍摄模糊镜头。在拍摄的时候，可以使用快速摇摄的方式拍摄，也叫作甩镜，最好开启长焦模式拍摄，模糊画面会更有空间压缩感。

图7-23所示为使用模糊镜头组接的两个画面，不过需要注意的是，模糊镜头的运镜方向需要与下一个镜头的运镜方向相同。

图 7-23　模糊镜头组接

6.遮蔽物组接

遮蔽物组接是指被拍摄对象的前面有遮蔽物时，通过用遮蔽物遮挡画面的方法来过渡到后续镜头。遮蔽物可以是行人、汽车路过的画面，也可以是手动运镜，通过前景遮挡画面，比如柱子、栏杆或者墙壁，如图7-24所示。

图 7-24　遮蔽物组接不同场景

7. 特写镜头组接

特写镜头组接是指上个镜头以某一人物的某一局部，或者某个物件的特写画面结束，然后从这一特写画面开始，逐渐扩大视野，组接后展示另一情节的环境镜头。这样组接的目的是让观众注意力集中在某一个人的表情或者某一事物的时候，在不知不觉中就转换了场景和叙述内容，而不使人产生陡然跳动的不适之感。

图7-25所示为使用人物的嘴巴特写镜头进行组接，后者可以慢慢拉开镜头距离，展示人物周围的环境。

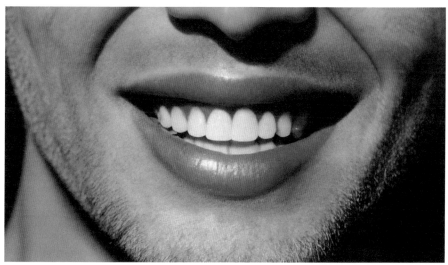

图 7-25　特写镜头组接

8. 闪回镜头组接

用闪回镜头组接，如插入人物回想往事的镜头，可以用来揭示人物的内心变化。比如在人物闭眼睡觉时，插入脑海中思索的画面镜头，如图7-26所示。在后期剪辑时，可以加入一些光效、音效或者滤镜，制作闪回感。

图 7-26　闪回镜头组接

第 8 章　分镜的高级感，拍摄运动镜头

运动镜头简称运镜，在短视频拍摄中，采用一些简单的运镜进行分镜头，不仅有助于强调环境、刻画人物和营造相应的气氛，而且对短视频的画面质感有一定的提升。本章将为大家介绍一些运动镜头的拍摄技巧，让分镜头更具高级感。

8.1　9 种基础镜头，打好运镜基础

不同的运镜方式可以表达不同的主题和情绪，本节将为大家介绍前推、后拉、横移、跟随等基础运动镜头，帮助大家打好运镜拍摄的基础。

078　前推运镜

扫码看教学视频

【实拍效果】：前推运镜是指人物的位置不变，镜头从全景或别的景别由远及近地推进，放大人物，突出人物的情绪，实拍效果如图8-1所示。

图 8-1　实拍效果

【运镜拆解】：下面对运镜拍摄过程做详细的介绍。

步骤01 镜头在远离人物的位置，拍摄人物的背面，如图8-2所示。

步骤02 镜头向人物的位置推进，并让人物处于画面中心，如图8-3所示。

图 8-2　拍摄人物的背面　　　　图 8-3　镜头向人物的位置推进

步骤03 镜头继续靠近人物，人物扭头展现侧脸，如图8-4所示。

步骤04 镜头靠近人物，拍摄人物的正面上半身，放大人物，传递情绪，如图8-5所示。

图 8-4　镜头继续靠近人物

图 8-5　靠近拍摄人物的正面上半身

079　后拉运镜

扫码看教学视频

【实拍效果】：后拉运镜是指人物的位置不变，镜头逐渐远离人物，在远离的过程中，画面中的人物渐渐变小，展示人物的全貌和人物周围的环境，实拍效果如图8-6所示。

图 8-6　实拍效果

【运镜拆解】：下面对运镜拍摄过程做详细的介绍。

步骤01 人物面对镜头，镜头靠近人物拍摄近景，如图8-7所示。

步骤02 镜头逐渐向后退，拍摄人物中景，如图8-8所示。

图 8-7　镜头靠近人物拍摄近景

图 8-8　拍摄人物中景

步骤 03 镜头继续远离人物，人物位置不变，如图8-9所示。

步骤 04 镜头后退一定的距离，人物逐渐变小，展示人物周边的大环境，如图8-10所示。

图 8-9　镜头继续远离人物

图 8-10　镜头后退一定的距离

080　横移运镜

扫码看教学视频

【实拍效果】：横移运镜是指镜头沿着水平方向进行移动拍摄，横向展现空间里的人物，让画面具有动感和节奏感，实拍效果如图8-11所示。

图 8-11　实拍效果

【运镜拆解】：下面对运镜拍摄过程做详细的介绍。

步骤 01 人物正在下台阶，镜头拍摄旁边的建筑墙壁，如图8-12所示。

步骤 02 在人物下台阶的时候，镜头从右向左移动，如图8-13所示。

图 8-12　镜头拍摄旁边的建筑墙壁　　　　图 8-13　镜头从右向左移动

步骤 03 镜头继续移动，画面中的人物逐渐变得清晰，如图8-14所示。

步骤 04 镜头向左移动，直到前景墙壁越来越少，画面焦点也处于人物的身上，如图8-15所示。

图 8-14　镜头继续移动

图 8-15　镜头向左移动

☆ 专家提醒 ☆

　　拍摄横移运镜的关键在于找寻合适的前景并保持匀速移动镜头，这样画面才具有流动感。

081　右摇运镜

扫码看教学视频

　　【实拍效果】：右摇运镜是指利用云台的灵活变化，手机做向右的运镜变化，这样可以引导观众的视线，展现风光全貌，实拍效果如图8-16所示。

图 8-16　实拍效果

【运镜拆解】：下面对运镜拍摄过程做详细的介绍。

步骤01 镜头拍摄左侧的湖面风光，如图8-17所示。

步骤02 固定拍摄位置，向右摇动手机云台，如图8-18所示。

图 8-17　镜头拍摄左侧的湖面风光

图 8-18　向右摇动手机云台

步骤03 在向右摇动云台的时候，拍摄更多的风光，如图8-19所示。

步骤04 继续向右摇动云台，直到拍摄完湖面右侧的风光，如图8-20所示。

图 8-19　拍摄更多的风光

图 8-20　继续向右摇动云台

☆ 专家提醒 ☆

　　除了右摇运镜，还可以拍摄左摇运镜，以及上摇或者下摇运镜，方法都是一样的，只是摇镜的方向不同。

082　跟随运镜

扫码看教学视频

　　【实拍效果】：跟随运镜包含前跟、后跟和侧跟。本案例是侧面跟随，从人物的侧面进行跟随拍摄，可以更好地展示人物的身材，实拍效果如图8-21所示。

图 8-21　实拍效果

　　【运镜拆解】：下面对运镜拍摄过程做详细的介绍。

　　步骤01 镜头从人物的侧面拍摄人物的全身，如图8-22所示。

　　步骤02 人物往前走，镜头以围栏为前景，跟随移动，如图8-23所示。

图 8-22　镜头从人物的侧面拍摄人物的全身　　　图 8-23　镜头以围栏为前景，跟随移动

步骤 03 镜头在跟随移动的过程中，保持人物处于画面中间，如图8-24所示。

步骤 04 镜头继续跟随拍摄人物一段距离，如图8-25所示。

图 8-24　保持人物处于画面中间　　　　图 8-25　镜头继续跟随拍摄人物一段距离

083　上升运镜

扫码看教学视频

【实拍效果】：上升运镜是指镜头从下往上移动，在移动的过程中，揭示人物，展现人物的高度和气势，画面也具有纵深感，实拍效果如图8-26所示。

图 8-26　实拍效果

【运镜拆解】：下面对运镜拍摄过程做详细的介绍。

步骤 01 镜头在人物的正面，放低角度，拍摄人物的脚，如图8-27所示。

步骤 02 人物微微转动身体，镜头慢慢升高拍摄人物下半身，如图8-28所示。

图 8-27　低角度拍摄人物的脚　　　　　　　图 8-28　镜头慢慢升高拍摄人物下半身

步骤 03 镜头继续上升，拍摄人物的上半身，如图8-29所示。

步骤 04 镜头继续上升，拍摄到了更多的天空和人物的上半身，画面看起来更广阔了，如图8-30所示。

图 8-29　镜头继续上升　　　　　　　　　　图 8-30　镜头拍摄到了更多的内容

084　下降运镜

扫码看教学视频

【实拍效果】：下降运镜是指镜头从高处慢慢下降，在下降的过程中拍摄环境或者人物，能让画面情绪更有层次感，也可以用来拍摄人物进场或者退场，实拍效果如图8-31所示。

图 8-31　实拍效果

【运镜拆解】：下面对运镜拍摄过程做详细的介绍。

步骤 01 固定镜头位置，在高处拍摄人物上方的风景，如图8-32所示。

步骤 02 镜头降低高度，慢慢下降，人物逐渐进入画面，如图8-33所示。

图 8-32　镜头在高处拍摄人物上方的风景　　　图 8-33　镜头降低高度，慢慢下降

步骤 03 镜头继续下降，拍摄到人物的背面全身，如图8-34所示。

步骤 04 镜头下降到一定的高度，画面中的人物越行越远，如图8-35所示。

图 8-34　镜头拍摄到人物的背面全身　　　　图 8-35　镜头下降到一定的高度

☆ 专家提醒 ☆

为了让画面具有高度差，镜头下降时可以通过前景变化来展现内容。

085　旋转运镜

扫码看教学视频

【实拍效果】：旋转运镜是指倾斜手机进行旋转拍摄，这样拍摄的好处是可以让画面打破常规，更有新鲜感，实拍效果如图8-36所示。

图 8-36　实拍效果

【运镜拆解】：下面对运镜拍摄过程做详细的介绍。

步骤01 固定镜头位置，镜头向左倾斜一定的角度拍摄夕阳，如图8-37所示。

步骤 02 镜头慢慢向右旋转，如图8-38所示。

图 8-37　镜头倾斜一定的角度拍摄夕阳

图 8-38　镜头慢慢向右旋转

步骤 03 镜头继续向右旋转，画面慢慢变得不那么倾斜，如图8-39所示。

步骤 04 镜头旋转回正到一定的角度，使画面中的地平面与视平线平行，如图8-40所示。

图 8-39　镜头继续旋转

图 8-40　镜头旋转回正到一定的角度

153

086　环绕运镜

【实拍效果】：环绕运镜也叫"刷锅"，是指以人物为环绕中心点，镜头围绕人物进行环绕运镜拍摄，这种运镜手法可以很好地展示人物与环境的关系，实拍效果如图8-41所示。

图 8-41　实拍效果

【运镜拆解】：下面对运镜拍摄过程做详细的介绍。

步骤01 人物位置固定，镜头在人物正侧面，拍摄人物全身，如图8-42所示。

步骤02 以人物为中心，镜头环绕人物慢慢向左移动，如图8-43所示。

图 8-42　镜头拍摄人物全身

图 8-43　镜头环绕人物慢慢向左移动

步骤03 镜头继续环绕，移动拍摄人物的反侧面，如图8-44所示。

步骤04 镜头环绕到人物背面，多角度地展示人物与周边的环境，如图8-45所示。

图 8-44　镜头继续环绕

图 8-45　镜头环绕到人物背面

8.2　4 种组合与特殊运镜，提升运镜技术

在掌握了9个基础镜头之后，本节将介绍4种组合与特殊运镜，帮助大家提升运镜水平，掌握更多的运镜拍法。

087　环绕后拉运镜

【实拍效果】：环绕后拉运镜是在环绕运镜的基础上，一边环绕，一边后退，远离被摄对象，展示更多的大环境，实拍效果如图8-46所示。

扫码看教学视频

图 8-46　实拍效果

155

【运镜拆解】：下面对运镜拍摄过程做详细的介绍。

步骤 01 人物位置不变，镜头靠近人物，在人物侧面拍摄，如图8-47所示。

步骤 02 镜头环绕人物慢慢向左移动，并微微后退，如图8-48所示。

图 8-47　镜头靠近人物，在人物侧面拍摄　　　　图 8-48　镜头环绕人物并后退

步骤 03 镜头继续环绕人物并后退，拍摄人物的背面，如图8-49所示。

步骤 04 继续环绕后拉运镜，这时人物越来越小，环境变大了，如图8-50所示。

图 8-49　镜头继续环绕人物并后退　　　　　图 8-50　继续环绕后拉运镜

088 跟随上升运镜

扫码看教学视频

【实拍效果】：跟随上升运镜是指镜头在跟随人物移动的过程中，慢慢上升高度，让画面不再单调，实拍效果如图8-51所示。

图 8-51　实拍效果

【运镜拆解】：下面对运镜拍摄过程做详细的介绍。

步骤01 固定镜头位置，镜头通过前景拍摄人物侧面，如图8-52所示。

步骤02 在人物前行的过程中，镜头跟随人物移动，如图8-53所示。

图 8-52　镜头通过前景拍摄人物侧面

图 8-53　镜头跟随人物移动

步骤03 随着人物的移动，镜头慢慢升高，如图8-54所示。

步骤04 镜头一边跟随人物，一边上升高度，逐渐展示人物上方的风光，让画面内容更有层次感，如图8-55所示。

图 8-54　镜头慢慢跟随升高　　　　　　图 8-55　镜头一边跟随人物，一边上升高度

089　盗梦空间运镜

扫码看教学视频

【实拍效果】：盗梦空间运镜灵感来自电影《盗梦空间》，这种运动镜头通常是用旋转镜头的方式完成的，让画面失去平衡感，营造出一种疯狂或者丧失方向感的气氛，让画面变得更加梦幻和炫酷，就好像在梦境中一般，实拍效果如图8-56所示。

图 8-56　实拍效果

【运镜拆解】：下面对运镜拍摄过程做详细的介绍。

步骤 01　在人物前行的时候，镜头在人物的正面跟随拍摄，如图8-57所示。

步骤 02　在跟随的过程中，镜头向右旋转，如图8-58所示。

图 8-57　镜头在人物的正面跟随拍摄

图 8-58　镜头向右旋转

步骤 03 人物继续向前行走，镜头继续跟随并向右旋转拍摄，如图8-59所示。

步骤 04 镜头向右旋转到一定的角度，地面和天空占据画面左右，如图8-60所示。

图 8-59　镜头继续跟随并向右旋转拍摄

图 8-60　镜头向右旋转到一定的角度

090 希区柯克变焦运镜

扫码看教学视频

【实拍效果】：希区柯克变焦镜头早期来自导演希区柯克的电影，是指主体的大小不变，对背景进行变焦，从而营造出一种空间压缩感。

本次拍摄需要稳定器，稳定器型号为DJI OM 4 SE。启动稳定器，在"动态变焦"模式中的"背景靠近"效果选项下，镜头渐渐远离人物拍摄，实拍效果如图8-61所示。

图 8-61　实拍效果

【运镜拆解】：下面对运镜拍摄过程做详细的介绍。

步骤01 在手机中下载DJI Mimo软件，连接设备之后，进入拍摄模式，将镜头位置固定，❶切换至"动态变焦"模式；❷默认选择"背景靠近"拍摄效果；❸点击"完成"按钮，如图8-62所示。

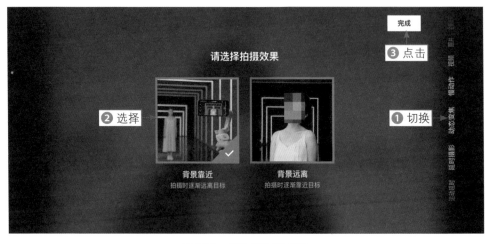

图 8-62　点击"完成"按钮

步骤02 ❶框选人物为目标；❷点击拍摄按钮，如图8-63所示，在拍摄时，人物位置不变，创作者后退一段距离，慢慢远离人物。

图 8-63　点击拍摄按钮

步骤 03 拍摄完成后，点击拍摄按钮 停止拍摄，显示合成进度，如图 8-64 所示，合成完成后，即可在相册中查看拍摄的视频。

图 8-64　显示合成进度

☆ 专家提醒 ☆

　　动态变焦还有"背景远离"选项，在"背景远离"效果选项下，镜头是向前推的，从远到近靠近人物。不过无论哪种模式，都需要框选画面中的主体。在选择视频背景时，最好选择线条感强烈、画面简洁的背景。

第9章 抖音短剧视频实战拍摄：《招聘反转》

由于生活节奏的加快，大家看剧的习惯也发生了变化，逐渐从大型连续剧转到短剧，在短视频平台中，已经掀起了一股追短剧的潮流。比如，在抖音平台的短剧榜上，有热度的短剧几乎都会有几千万的播放量。如何拍摄短剧？本章将为大家介绍相应的技巧。

9.1　抖音短剧视频分镜头创作流程

短剧与电视连续剧最大的区别就在于时长，时长缩短了，那么相应的剧情和台词也要进行精简。所以，对分镜头脚本和场面调度就有了不一样的要求。本节将为大家介绍抖音短剧视频的分镜头创作流程，帮助大家理清思路。

091　确定视频主题

在拍摄短剧之前，创作者需要先确定视频的主题，这样才能制作分镜头脚本。短视频平台上比较受欢迎的短剧主题有爱情、友情、亲情等情感主题，还有职场、校园等社会主题，创作者可以根据自己擅长的领域选择合适的主题。

当然，主题要尽量独特有创意，同时要建立标准的工作流程，这不仅能够提高创作的效率，而且还能够刺激观众持续观看的欲望。比如，创作者可以多收集一些热点加入主题库中，然后结合这些热点来创作短剧。

对于新手，在策划选题时可能会毫无头绪，可以先模仿他人。对于一些大家熟悉的桥段，或者已经形成了模板的短视频内容，创作者只需在原有模板的基础上嵌套一些自己拍摄或制作的内容，便可以快速生产出属于自己的原创短视频。

为了让选题更接地气，大家也可以从以下几个方面入手。

（1）记录生活中的趣事。

（2）学习热门的内容等。

（3）配表情系列。

总之，在确定短剧主题的时候，一定要是自己有能力和有基础拍摄的，不能脱离实际情况，否则可能一个镜头都拍不出来，或者半途而废，浪费时间和精力。

092　制作分镜头脚本

扫码看教学视频

对于短剧，分镜头脚本也就是拍摄大纲。在设计分镜头脚本的时候，可以使用三幕剧结构，即引入、发展和高潮，构建故事情节。脚本中的台词语言也要简洁，避免冗长叙述，直接开门见山。

在一些脚本中，还会涉及音效、音乐。选择适合视频氛围和情感的配乐，可以增强叙事，引起观众的情感共鸣。当然，有些音乐、音效除了现场收音，还可以在后期添加。

表9-1所示为抖音短剧《招聘反转》视频分镜头脚本，根据脚本内容，创作者可以准备模特、场景、服装和道具。

表 9-1　抖音短剧《招聘反转》视频分镜头脚本

镜号	景别	画面	设备	台词
1	中景	女生拿起桌子上的眼镜，戴上	手持稳定器	你是来应聘的?
2	中景	男生坐在女生对面	手持稳定器	是啊
3	中景	女生拿起桌子上的笔	手持稳定器	你的简历怎么只有半张
4	中景	男生坐着靠近桌子	手持稳定器	因为这样我的简历才能放到最上面呀
5	特写	女生转笔的手	手持稳定器	你认为销售最重要的是什么
6	中景	女生转笔	手持稳定器	你认为销售最重要的是什么
7	特写	男生双手扣住	手持稳定器	嗯，思维和技巧
8	中景	男生低头回答问题	手持稳定器	嗯，思维和技巧
9	中景	女生用手指着桌子的瓶装水	手持稳定器	那你让我把这瓶水喝下去
10	中景	男生回答问题	手持稳定器	我不能让你喝下去，但是我能让你吐出来
11	中景	女生打开瓶盖，喝水	手持稳定器	嗯，行（喝完水）让我吐出来
12	中景	男生双手离开桌子，笑着看向女生	手持稳定器	你不是已经喝下去了吗
13	近景	女生错愕地看向瓶装水	手持稳定器	震惊音效

分镜头脚本只是一个拍摄参考，短剧还需要演员演技和后期剪辑节奏进行加持，这样作品才能出色。

093　准备演员、场景

根据分镜头脚本中的情节，需要男、女演员各一名，由于剧情内容是关于招聘的，所以场景可以选择在室内办公室，如图9-1所示。

扫码看教学视频

在选择演员的时候，需要根据设定选择，演员年龄、性格和身形，都需要贴合剧情，这样观众才会快速入戏。

在选择场景的时候，如果有现成的场景，就可以快速拍摄，如果没有，那么需要搭建现场，可能就会有额外的支出。所以，新手尽量使用现成的场景。

图 9-1　室内办公室场景

　　根据视频主题选择场景。比如，古装剧不能在现代场景拍摄，职场剧不能在田野里拍摄，这些都是拍摄常识。穿帮镜头是指不符合视频主题的场景出现在画面中，比如古装剧中的汽车、现代剧中的收声话筒。为了避免穿帮，在拍摄完之后，最好多检查几遍画面，如果有差错，也可以马上补拍。

094　准备服装、道具

扫码看教学视频

　　对于现代剧，服装要求并不是很大，只要贴合人物形象和性格，服装类型选择空间很大。在古装剧中，对服装要求就比较大了，不同的朝代有不同风格的汉服类型，除非架空朝代，不然就需要精细考究。

　　在道具方面，可以根据演员的动作和场景的需要，进行准备。比如，在职场剧中，可以准备咖啡、本子、笔、电脑等道具，如图9-2所示。在古装剧中，可以准备扇子、刀、剑、油纸伞、琴、棋等道具，如图9-3所示。

图 9-2　咖啡道具

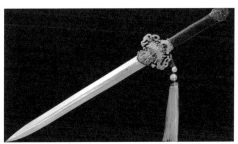

图 9-3　剑道具

　　除了上面这些道具，大家也可以在拍摄现场"捡"道具，物尽其用。

9.2　抖音短剧视频分镜头拍摄实战

　　本次主题是职场短剧，拍摄场景在室内办公室，主要演员为一男一女，如何把剧情拍摄出来呢？怎样拍出美感呢？本节将为大家介绍抖音短剧视频分镜头拍摄技巧。

095　对话镜头拍摄技巧

　　一般的对话镜头，在人物安排上，通常会让其面对面坐着。在拍摄时，通常使用正反打镜头，摄像头主要安排在关系轴线的一侧。

　　正反打镜头是指镜头交替展现每一个人，而另一个人缺席或者只能看见一部分。正反打镜头分为两种形式，内反打和外反打。

　　外反打又具有过肩、过腰、过臀等属性，用得比较多的是过肩镜头，这种类型的镜头也叫半主观镜头。内反打就是摄像机在两人中间，每个镜头画面只出现一人，也称为主观镜头。

　　图9-4所示为过臀对话镜头，这种角度的镜头，从低角度位置拍摄，一般可以用来营造敌对关系。

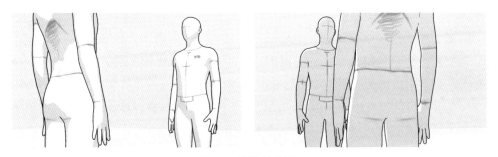

图 9-4　过臀对话镜头

图9-5所示为内反打对话镜头，比较注重每个画面里人物的表情和动作。

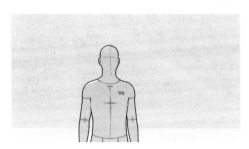
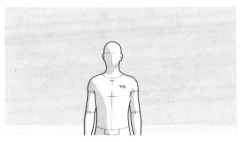

图 9-5　内反打对话镜头

在拍摄对话镜头的时候，拍摄角度和高度对人物塑造和情节发展起着重要的作用，因为拍摄手法也是一种叙事技巧。

096 手机模式拍摄技巧

扫码看教学视频

在使用手机拍摄短视频的时候，对于手机里的拍摄模式，有什么使用技巧呢？下面以iPhone 13 Pro Max手机为例，介绍相应的小技巧。

由于短剧的观众大多是使用手机观看的，在拍摄时，可以尽量竖着手机拍摄。为了让视频画面更有电影感，可以选择"电影效果"模式进行拍摄，如图9-6所示，让背景变得虚化，主体更突出，从而让拍摄的画面更加立体，更有层次感。

图 9-6 选择"电影效果"模式进行拍摄

除此之外，如果创作者需要慢放画面，那么也可以使用"慢动作"模式进行拍摄。如果需要拍摄延时视频，也可以使用"延时摄影"模式进行拍摄。

至于其他没有这些模式的手机，使用"视频"或者"录像"模式也可以拍摄视频，再在背景简洁的环境中拍摄，画面会更美观。

097 人像镜头拍摄实战

扫码看教学视频

本次短剧中大部分都是人像对话镜头，在实际拍摄时有哪些小技巧呢？下面为大家进行讲解。

1. 拍摄过肩镜头

过肩镜头是指镜头位于一个演员身后，同时面对着另一个演员，这样前者的肩膀和背部就对着观众和镜头，也称之为第三人称镜头。过肩镜头可以为观众建立观看视线，代入比较亲密的视角。

在拍摄过肩镜头时，尽量不要越轴，如果演员是坐着的，镜头可以稍微降低拍摄高度，如图9-7所示。

图 9-7　拍摄过肩镜头

在拍摄过肩镜头的时候，镜头焦点需要放在说话的人身上，人物背面和肩部画面可以尽量虚化。对于一些手机，在拍摄时，在手机屏幕上点击人物或者主体，就能切换画面焦点，并锁定焦点。

总之，在拍摄过肩镜头时，说话人的面部要尽量清晰，这样才能让观众看清人物的表情和情绪。

2. 利用前景

前景是视频画面中位于主体前面或靠近镜头的人或物，前景是非常重要的，合适的前景，可以增强画面的透视感、立体感、纵深感，营造画面意境。在过肩镜头中，人物的肩部可以作为前景。

如果不是拍摄过肩镜头，那么可以使用道具，创造前景。如图9-8所示，使用了绿植作为前景进行装饰，这样可以让画面更加生动。

图 9-8　使用绿植作为前景进行装饰

当然，大部分前景都是陪体，不能喧宾夺主，还需要与画面紧密相关，否则，画面会变得不统一。

在办公室场景拍摄，绿植、电脑、咖啡杯、书架都可以作为前景。在户外拍摄，大自然的花草树木也可以作为前景。如果不想前景太突出，可以使其处于画面的边缘，虚化拍摄。

098　特写镜头拍摄实战

扫码看教学视频

特写镜头包含特写镜头和极特写镜头，在拍摄人物的时候，特写镜头就是在构图的时候取肩膀以上的位置，而极特写镜头就是拍摄人物的局部，比如手、脚、眼睛、嘴巴等。特写镜头极具视觉冲击力，可以让观众集中注意力。

特写镜头能够把人物通过面部细节放大，从而把人物的内心世界展示给观众，所以特写镜头无论是拍摄人物还是其他对象，都能给观众以强烈的印象。在刻画人物和抒情的时候，适当拍摄一些特写镜头，可以表现人物的内心世界，塑造人物形象。

比如，在招聘面试时，男生在回答问题时，可能处于紧张的状态，这时拍摄人物的手指活动特写画面，能让观众感受到人物的情绪，如图9-9所示。

对于女生，她是面试官，这项工作对她而言并不难，她也是处于上位者的状态，这时可以着重突出其放松的状态，拍摄人物转笔的特写画面，如图9-10所示。

图 9-9　拍摄人物的手指活动特写画面　　　　图 9-10　拍摄人物转笔的特写画面

当然，这些特写镜头都是当时人物内心世界的一个表现，在结尾反转的时候，这些特写镜头又可以起着对比的作用，一起让故事达到高潮，更具戏剧性。

除此之外，特写镜头也有进行具体叙事、做转场、暗喻等作用，还能作为故事的开头和结尾，创作者可以根据画面需要拍摄和使用特写镜头。

★ 专家提醒 ★

本书着重讲解分镜头的拍摄技巧，如果创作者想要学习更多的短剧创作和后期剪辑技巧，那么可以看看《爆款短剧与微电影创作：118 个剧本写作与创意技巧》和《爆款短视频制作：118 个剪辑思维与实战技巧（剪映版）》这两本书，掌握更多的实用技巧。

第 10 章　情绪类短视频实战拍摄：《湖与海》

　　情绪片是指带有如喜、怒、哀、乐等情绪的视频。在情绪片里，模特可以通过本身的表情和肢体动作传递情绪，拍摄者也可以通过光影、构图、运镜传递情绪。那么，要如何拍摄出情绪大片呢？本章将为大家介绍情绪类短视频实战拍摄的技巧，帮助大家学会拍摄情绪短片。

10.1　情绪类短视频分镜头创作流程

情绪片里最重要的是怎么样去表达情绪，那么怎样在画面中表现情绪呢？下面为大家介绍情绪片的分镜头创作流程，帮助大家拍出抓人眼球、引人深思的情绪片。

099　制作分镜头脚本

扫码看教学视频

为了让成品视频有逻辑，创作者最好先设计脚本，按照脚本进行拍摄。在户外取景拍摄之前，还需要参考天气，因为带有阴郁情绪的视频，适合在阴天或雨天拍摄。

表10-1所示为情绪类短视频《湖与海》分镜头脚本。在拍摄时，可以多拍摄人物的近景、特写等景别的镜头画面，着重突出人物的情绪，还可以拍摄一些全景和中景镜头补充画面。

表 10-1　情绪类短视频《湖与海》分镜头脚本

镜号	景别	运镜	画面	设备	备注
1	近景	下降运镜	人物背手拿花	手持稳定器	人物需要戴红色围巾
2	近景	上升运镜	人物捧花看向远方	手持稳定器	仰拍
3	特写	固定镜头	人物左手拿花	手持稳定器	从人物的背面拍摄
4	近景	左移运镜	人物迎着风张开双手	手持稳定器	从人物的斜侧面拍摄
5	全景	固定镜头	人物举伞下坡	手持稳定器	高处俯拍
6	特写	固定镜头	岸边的浪花	手持稳定器	斜拍
7	全景	固定镜头	人物蹲着捡石头	手持稳定器	从人物的背面拍摄
8	特写	上升运镜	人物举高石头	手持稳定器	从人物的反侧面拍摄
9	近景	下降跟随运镜	人物把石头丢向水里	手持稳定器	从人物的反侧面拍摄
10	近景	左移运镜	人物披着围巾	手持稳定器	从人物的斜侧面拍摄
11	特写	左移运镜	人物披着围巾	手持稳定器	从人物的背面拍摄
12	中景	固定镜头	人物站在水边	手持稳定器	从人物的背面拍摄

创作者最好在拍摄场地提前踩点，找寻取景点，如果不熟悉场景，可以多拍摄一些不同角度的分镜头备用，然后选择效果最好的分镜头进行使用。

100　确定拍摄场景

扫码看教学视频

确定拍摄场景是指在确定拍摄主题之后，选择适合拍情绪片的场景，或者自己搭建拍摄场景。

在日常生活中，容易出片的场景很多，选择合适的场景，可以让我们的情绪片拍摄达到事半功倍的效果。

① 隧道、楼梯、走廊。这些场景自带纵深感，可以很好地突出人物，表达意境。图10-1所示为在具有纵深感的楼梯拍摄的画面，人物处于这种场景中，可以为情绪加分。

图 10-1　在具有纵深感的楼梯拍摄的画面

② 公园、绿植附近。公园是非常适合拍摄情绪片的，因为里面的树林、旷野、枯草丛、长椅都能营造相应的氛围。

③ 雨天、室内。雨天会给人一种阴郁的情绪，这种天气非常适合拍情绪片，不过最好在小雨的天气拍摄。在室内搭建好复古场景，也能拍摄出情绪大片，如图10-2所示。

图 10-2　在室内搭建复古场景拍摄情绪大片

除了上面提及的场景，在站台、街道、超市，以及江、湖、海边都能拍摄情绪片。大家平时也可以多看电影，积累经验。

101 用道具渲染气氛

扫码看教学视频

道具在情绪片中起着渲染气氛的作用，不同的道具有不同的用处，下面为大家介绍常用的一些拍摄情绪片的道具。

① 镜子。在各种风格类型的视频中都可能用到镜子，从镜子中可以看到另一个角度的样子。不管是拍摄镜子里的全身，还是特写，都可以给观众一种惊喜感。不过，在利用镜子当道具时，要思考镜子里的影像与整体的协调性。

② 花。花也是万能的道具，模特可以拿着、靠着或者咬着，还可以当前景，都非常出片。花的颜色不同，表达的情绪也不同。在拍摄时，根据拍摄需求，要特别注意花朵的颜色与服装、背景的差异。

③ 书和报纸。根据书籍内容不同，拍摄的风格也不同。在情绪片里，最好用小说、散文、诗集等书籍，切不可用太严肃、专业的书籍，不然会不搭。报纸也是一款物美价廉的道具，可以让模特直接阅读，也可以撕破报纸，利用报纸当前景，进行框架式构图。

④ 塑料薄膜。塑料薄膜有不同的颜色，所营造的氛围也会有所差异。在拍摄时，利用塑料薄膜进行包裹或者遮挡人物，画面会更有张力。

⑤ 雨伞。在雨天拍摄情绪片的时候，雨伞是比较合适的道具。透明雨伞不仅可以挡雨，还不会完全挡住模特的脸，让画面更有朦胧感；红色雨伞是比较显眼的存在，可以形成反差感；黑色雨伞则比较沉重一些，如图10-3所示。

图 10-3　将黑色雨伞作为道具

⑥ 玻璃制品。像玻璃杯、酒瓶、透明花瓶等玻璃制品，在光影下做前景，可以打造朦胧感和炫光效果。这些道具还能用来搭建场景，让画面更有氛围。

⑦ 蒙眼丝带。在模特具有镜头恐惧症的情况下，这款道具可以让模特闭上眼睛进行放松，这样就能拍摄出自然的视频画面。

在拍摄的时候，大家最好根据视频主题选择道具。道具不能过多或者杂乱，不然画面会不和谐。在拍摄的时候，创作者也要引导模特利用道具摆姿势、做表情，道具不能只是摆设，不然就没有完全发挥它的作用。

102　画面构图以人物为主

扫码看教学视频

在拍摄情绪片的时候，也可以突破标准的画面构图，脱离三分线，制造疏离感、失衡感、分割感，让情绪表达更大胆。

在拍摄情绪片时，构图可以尽量以人物为主，让人物充满画面，如图10-4所示，这样可以放大情绪。也可以让人物处于画面边缘的位置，如画面的四个角上。切记，模特的面部不宜有大表情，不然可能会变得狰狞。

图 10-4　构图尽量以人物为主

103　充分调动模特的情绪

扫码看教学视频

在情绪片中，模特的一颦一笑都会影响视频画面的情绪传达。在调动模特情绪的过程中，需要创作者和模特配合到位，这样才能提升视频画面的美感。

情绪是多样的，情绪主要靠表情和肢体动作表达。当人物生气时，他会有噘嘴、瞪眼、叉腰等表情和动作；当人物开心时，他会有大笑、捧腹、上扬双手、鼓掌等表情和动作；当人物悲伤时，他的五官是放松的，眉眼是下垂的，可能会用双手抱住自己，处于保护和防御的状态。

所以，在拍摄情绪片的时候，我们可以根据情绪表达的逻辑，去推导动作、引导模特。创作者在引导的时候，可以自己示范，告诉模特自己想要的效果。

在情绪片中，情绪应该是一目了然、可以被感知到的，所以明显的情绪是创作者需要拍摄和引导的目标。如果情绪不饱满，会影响画面效果，就不那么打动人了。建议创作者在模特情绪饱满的时候再拍摄，尽量记录饱满的情绪。

下面为大家介绍两条调动模特情绪的方法。

① 创作者多与模特沟通。在拍摄前，创作者需要与模特交流，尽可能多地了解模特的性格、爱好，获得模特的信任，这样模特信任你之后，才会有松弛感。在拍摄现场，除了语言鼓励，像环境音乐、指导示范也是非常有效的调动模特情绪方法。

② 借用动态道具调动情绪。动态道具可以吸引模特。比如泡泡机可以让模特动起来，动态的宠物也可以调动模特的情绪。最后，一定要多关注模特的眼神，因为眼睛是最能传递情绪的部位，如图10-5所示。

图 10-5　用眼神传递情绪

★ 专 家 提 醒 ★

色彩也能影响情绪片的情绪，创作者可以调整拍摄设备中的白平衡参数，改变色调。比如，悲伤情绪的视频适合冷色调，欢快情绪的视频则适合暖色调。

10.2 情绪类短视频分镜头拍摄实战

本次情绪类短视频主题为《湖与海》，视频风格是偏悲伤、唯美的，拍摄场景在水边，模特为穿着白色衣服的女生，道具有红色围巾和花束。下面介绍相应的分镜头拍摄技巧。

104 拍摄4个固定镜头

在使用手持稳定器拍摄固定镜头时，需要一定的臂力，如果拍摄的分镜头时长太长，那么就需要使用三脚架辅助拍摄。下面将为大家介绍4个固定镜头的拍摄技巧。

1. 第1个固定镜头

该分镜头内容为人物左手拿花，以固定机位拍摄，画面中的人物摇动手里的花束，如图10-6所示。

图 10-6 第 1 个固定镜头

这也是一个特写镜头，需要给画面右侧进行留白处理，让观众有想象的空间。为了拍出背景简洁的效果，使用了长焦模式。

2. 第2个固定镜头

该分镜头内容为人物举伞下坡，从高处俯拍。首先画面起幅为空镜头画面，人物从右侧慢慢向左走进画面，如图10-7所示。这个分镜头主要是用来转换场景的，告诉观众人物所处的环境进行变动了。

图 10-7　第 2 个固定镜头

3. 第3个固定镜头

该分镜头内容为岸边的浪花，以斜角度拍摄，展示浪花的动态，也是一个特写镜头，如图10-8所示，该特写镜头起着承上启下的作用，也有着转场的效果。

图 10-8　第 3 个固定镜头

4. 第4个固定镜头

该分镜头内容为人物蹲着捡石头，如图10-9所示，该镜头与上一个固定镜头是有联系的，上一个特写镜头中的画面，变成了这个分镜头的背景，并展示关键动作。

图 10-9　第 4 个固定镜头

105　拍摄3个左移运镜

由于在组接分镜头的时候，运镜方向最好要一致，因此本案例中的横移镜头都是一个方向。下面将为大家介绍3个左移运镜的拍摄技巧。

扫码看教学视频

1. 第1个左移运镜

该分镜头内容为人物迎着风张开双手，镜头在人物的斜侧面，景别为近景，主要展示人物的上半身和面部表情，如图10-10所示。从人物的侧面拍摄，可以突出人物的轮廓，并且显脸小。

图 10-10　第 1 个左移运镜

2. 第2个左移运镜

该分镜头内容为人物披着围巾，镜头在人物的斜侧面，景别为近景，使用芦苇作为前景，在左移镜头的过程中，人物慢慢出现在画面的中间，如图10-11所示。

图 10-11　第 2 个左移运镜

3. 第3个左移运镜

该分镜头内容为人物披着围巾，镜头在人物的背面，然后慢慢向左移动，景物内容越来越多，让观众有更多的想象空间，如图10-12所示。

图 10-12　第 3 个左移运镜

106　拍摄2个下降运镜

扫码看教学视频

下降运镜主要是镜头做纵向运动，从高处下降高度，画面内容会发生相应的变化。下面将为大家介绍两个下降运镜的拍摄技巧。

1. 第1个下降运镜

该分镜头内容为人物背手拿花，镜头在下降的过程中，背面的花渐渐显示完整，如图10-13所示，这也是开场镜头，并且背面角度会制造悬疑，吸引观众继续观看。

图 10-13　第 1 个下降运镜

2. 第2个下降运镜

该分镜头内容为人物把石头丢向水里，镜头跟随人物手中的石头慢慢下降高度，直到石头被扔进水里，如图10-14所示，镜头在下降跟随的过程中，展示人物的连续动作，画面更完整。

图 10-14　第 2 个下降运镜

107　拍摄3个上升运镜

扫码看教学视频

上升运镜与下降运镜的方向相反，效果和作用会有一些区别，相同点就是都可以用来展示人物出场或者退场。下面将为大家介绍3个上升运镜的拍摄技巧。

1. 第1个上升运镜

该分镜头内容为人物捧花看向远方，镜头在人物的侧面，并微微仰拍，镜头在上升的时候，人物渐渐低头，情绪形成了反差，更加对比凸显出了人物的低落感，如图10-15所示，这也是一个人物的出场镜头，能够让观众进入到画面情境中。

图 10-15　第 1 个上升运镜

2. 第2个上升运镜

该分镜头内容为人物举高石头，镜头跟随人物举高的动作而上升，情绪会慢慢高涨，如图10-16所示。在其后面组接着一个下降镜头，情绪又会慢慢低落。

图 10-16　第 2 个上升运镜

3. 第3个上升镜头

该分镜头内容为人物站在水边，这也是整段视频的最后一个分镜头，镜头微微升高，展示人物的背面，如图10-17所示，该镜头使用了长焦模式拍摄，水面为背景，画面非常简洁。

图 10-17　第 3 个上升镜头

在分镜头脚本里，第一个镜头是人物背着手拿花的背面，最后一个镜头则是人物手放在前方的背面镜头，一前一后、一降一升，花没有了，模特是失落的，迎合了视频隐喻的主题。

第 11 章　电商短视频实战拍摄：
《图书宣传》

在短视频时代，直播带货、视频带货已经成了一种新型的带货方式，为了让产品获得更多的曝光度和更高的销量，学会短视频拍摄，可以为产品推广进行引流。本章以图书宣传为主题，为大家介绍电商短视频的拍摄过程，帮助有需要的用户学会用视频变现。

11.1　电商短视频分镜头创作流程

对于电商短视频，它不是用于个人自娱自乐的，而是需要面向短视频平台的用户进行变现，所以在拍摄和制作的时候，需要带着"商品思维"进行创作。本节将为大家介绍电商短视频分镜头创作流程，帮助大家做好拍摄规划。

108　了解产品与平台

对于图书宣传视频，比较常见的视频内容是介绍书籍的质量、内容和价格优惠等，当然，这是通用的宣传方式。为了让制作出来的电商视频，不仅能宣传图书的优点，还能迎合短视频平台，创作者需要对产品和平台进行分析，提炼重点。

本次产品为摄影教程，如图11-1所示，主要介绍手机短视频拍摄，虽然还有脚本和剪辑等内容，但结合大众的需求和视频制作需要，运镜拍摄可以作为宣传的重点，创作者可以从运镜拍摄上入手，多制作相应的视频内容。

图 11-1　摄影教程

对于视频带货，常见的短视频平台有抖音、快手、微信视频号等，这些平台对视频的时长和形式都有相应的要求。

在短视频平台，视频的时长最好控制在60秒以内，因为用户不怎么喜欢刷长视频，如果视频的时长比较长，那么用户停留观看视频的时间可能就会缩短。

对于视频形式，用户喜欢观看画面具有动感和节奏感的短视频，所以一些没有节奏点、情绪张力不太强的视频，用户可能就会不那么喜欢观看。

当然，短视频的画质要尽可能高一些，视频的背景音乐也要动听，这样可以吸引更多的用户观看。

109 制作分镜头脚本

对创作者来说，没有分镜头脚本，就会像一只无头苍蝇一样没有目的，因此也就没有效果和成品，在后期制作的时候，视频没有统一的主题，可能还会缺失相应的镜头。在拍摄前期，制作好了分镜头脚本，就可以顺利、高效地完成拍摄工作。

表11-1所示为电商短视频《图书宣传》分镜头脚本，在拍摄的过程中，创作者可以根据实际情况进行变动，脚本只是一个参考，帮助创作者拍出想要的效果。

表 11-1　电商短视频《图书宣传》分镜头脚本

镜号	景别	运镜	画面	设备	备注
1	全景	固定镜头	手拍桌子，拿起书	手持拍摄	后期倒放处理
2	远景	前推旋转运镜	人物走路的正面镜头	手持稳定器	需要在透视感比较强的场地拍摄
3	中景	固定镜头	从书柜拿书	手持拍摄	后期倒放处理
4	全景	环绕运镜	草地上的人物	手持稳定器	环绕幅度大
5	全景	环绕运镜	广场上的人物	手持稳定器	环绕幅度小
6	全景	固定镜头	在空中接书	手持拍摄	需要后期进行抠像处理
7	远景	后拉运镜	人物躺在草地上	无人机俯拍	模特服装的颜色不能是绿色
8	中景	前推运镜	实体书的扉页	手持拍摄	后期调色前后镜头要一致
9	远景	固定镜头	人物行走的侧面	手持稳定器	后期调色前后镜头要一致
10	全景	跟随运镜	人物在湖边行走	三脚架	
11	近景	旋转下移运镜	实体书的封面	手持拍摄	
12	中景	旋转前推运镜	手机越过模特拍摄水面上的船	手持稳定器	需要掌握时机拍摄船

从上面的分镜头脚本中可以看到,在备注中有一些内容,涉及后期制作。所以,如果不按照分镜头脚本的要求拍摄,那么后期就会陷入"巧妇难为无米之炊"的困境。

对于无人机拍摄的分镜头,可以让视频画面整体更加炫酷,有条件的用户可以多添加一些创意画面,增加视频的吸引力。

110　布置拍摄现场

为了让视频画面更好看,需要创作者布置拍摄现场。在实际的拍摄中,室内和户外有不同的布置要求。

1. 室内布置

一些需要在室内拍摄的镜头,背景和布光是非常重要的。如果现场的背景比较杂乱,可以用纯色的布或者纸张布置现场,如图11-2所示。

图 11-2　用纯色的布或者纸张布置现场

在打光的时候,如果户外太阳光可以照进室内,这种天然的打光条件也是很不错的。如果没有天然的光源,那么可以使用白炽灯、日光灯、节能灯及LED灯等人造光源进行打光,增强画面的视觉效果。

2. 户外布置

在户外拍摄,为了避免背景杂乱,可以尽量选择以天空、水面、草地等自然元素为背景,可以更好地突出主体。

在户外拍摄，光线也很重要。一般在晴天，上午8点到10点、下午4点到6点，太阳光线都很不错。如果是阴天，那么就需要借助辅助工具进行补光。

反光板是摄影时常用来进行补光的设备，通常有金色和银色两种颜色，作用也各不相同，如图11-3所示。

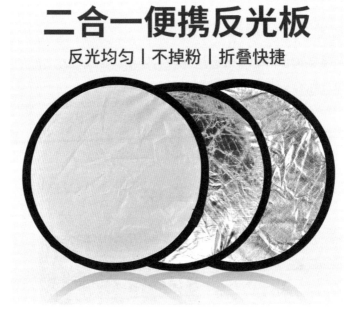

图 11-3　反光板

反光板的反光面通常采用优质的专业反光材料制作而成，反光效果均匀。骨架则采用高强度的弹性尼龙材料，轻便耐用，可以轻松折叠收纳。

银色反光板的表面明亮且光滑，可以产生更明亮的光，很容易拍出清晰的效果。在阴天或者顶光环境下，可以直接将银色反光板放在主体下方，让它刚好位于镜头的视场之外，从而将顶光反射到主体上。

与银色反光板的冷调光线不同的是，金色反光板产生的光线会偏暖色调，通常可以作为主光使用。在明亮的自然光下逆光拍摄时，可以将金色反光板放在主体侧面或正面稍高的位置，将光线反射到主体上，不仅可以形成定向光线效果，而且还可以防止背景出现曝光过度的情况。

11.2　电商短视频分镜头拍摄实战

在实战拍摄时，用户可以多拍，尽量不要少拍，不管是分镜头素材，还是画面内容，多拍就能以备不时之需。本节将为大家介绍电商短视频分镜头拍摄技巧。

111　拍摄固定镜头

固定镜头是指拍摄机位不怎么变动的镜头，不过画面中的内容可以进行变动，下面介绍本案例4个固定镜头的拍摄技巧。

1. 第1个固定镜头

该分镜头内容为手拍桌子，拿起书，主要是手持拍摄。在拍摄之前，需要多演练，先构图和设计动作，再拍摄成品。

由于后期需要倒放处理，因此在拍摄时，需要创作者根据效果进行倒放操作，先用手拿住书，再放下书，等将书放在桌子上，再手拍桌子，最后出镜，如图11-4所示。

图 11-4　第 1 个固定镜头

★ 专 家 提 醒 ★

如果手持拍摄的视频画面不稳定，创作者可以使用三脚架，把机位固定好，这样，就算身体摇晃，也不会影响画面的稳定性。当然，手持拍摄可以让观众更有代入感，第一视角下的身临其境效果更强。除此之外，用户也可以使用防抖功能比较强大的手机，让画面变得稳一些。

2. 第2个固定镜头

该分镜头内容为从书柜拿书，主要是手持拍摄。由于后期需要倒放处理，因此在拍摄时，需要根据效果倒放操作，用手先拿住书，再丢进书柜里，如图11-5所示。

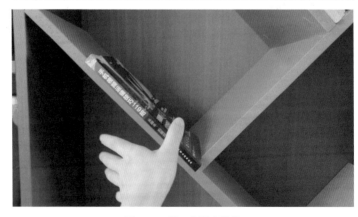

图 11-5　第 2 个固定镜头

3. 第3个固定镜头

该分镜头内容为在空中接书，主要是手持拍摄。由于后期需要抠像处理，因此在拍摄时，需要先拍摄空镜头画面，再模仿手在空中接书的动作，如图11-6所示。根据后期抠像的需求，还需要拍摄一张书籍的封面图片，再抠像和制作动态效果。

图 11-6　第 3 个固定镜头

4. 第4个固定镜头

该分镜头内容为人物行走的侧面，使用三脚架固定手机拍摄人物，该镜头与上一个分镜头是有联系的，因此第一帧画面需要与上一个镜头的最后一帧画面相同，如图11-7所示。

图 11-7　第 4 个固定镜头

112　拍摄前推旋转运镜

扫码看教学视频

该分镜头内容为人物走路的正面镜头，主要是手持稳定器拍摄。人物先远离镜头，然后向前行走，镜头朝着人物正面前推并旋转拍摄，如图11-8所示。在道路中间拍摄，画面会更有透视感。

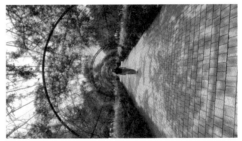

图 11-8 拍摄前推旋转运镜

113 拍摄环绕运镜

扫码看教学视频

于新手而言，拍摄环绕运镜是有点难度的，因为在环绕的时候，画面焦点很容易偏离主体。下面将为大家介绍两个环绕运镜的拍摄技巧。

1. 第1个环绕运镜

该分镜头内容为草地上的人物，使用手持稳定器拍摄，环绕的幅度比较大，所以在拍摄时要以人物为中心，固定环绕半径，这样焦点就不会偏离，如图11-9所示。

图 11-9 第 1 个环绕运镜

2. 第2个环绕运镜

该分镜头内容为广场上的人物，使用手持稳定器拍摄，环绕的幅度比较小，为了让环绕的速度更稳定，最好选择在平整的地面上拍摄，如图11-10所示。

图 11-10　第 2 个环绕运镜

114　拍摄后拉运镜

扫码看教学视频

　　该分镜头内容为人物躺在草地上，使用无人机俯拍，需要让无人机先靠近人物，进行垂直俯拍，然后上升高度远离人物，拍摄人物及其周围的环境，如图11-11所示。

图 11-11　拍摄后拉运镜

115　拍摄前推运镜

扫码看教学视频

　　该分镜头内容为实体书的扉页，主要是手持拍摄，展示书籍的内容，让镜头从远及近，靠近和拍摄扉页图片，如图11-12所示。该镜头与第4个固定镜头有着前后联系，可以实现穿越的效果。

图 11-12　拍摄前推运镜

116　拍摄跟随运镜

扫码看教学视频

　　该分镜头内容为人物在湖边行走，使用手持稳定器拍摄，镜头在人物的侧面跟随，同时拍摄人物的全景，并始终保持人物在画面中间，具有流动感，如图11-13所示。

图 11-13　拍摄跟随运镜

117　拍摄旋转下移运镜

扫码看教学视频

　　该分镜头内容为实体书的封面，主要是手持拍摄，先倾斜镜头，拍摄封面的上半部分，然后慢慢旋转回正角度并下移镜头，拍摄封面的下半部分，画面焦点由封面图片转向封面文字，如图11-14所示。

图 11-14　拍摄旋转下移运镜

118　拍摄旋转前推运镜

扫码看教学视频

　　该分镜头内容为手机越过模特拍摄水面上的船，使用手持稳定器拍摄，需要找寻前景和背景，以人物为前景，镜头倾斜并旋转回正，同时越过人物拍摄水面上的船，作为视频的结束画面，如图11-15所示。

图 11-15　拍摄旋转前推运镜